AF611525

DÉPARTEMENT

DES

HAUTES-ALPES.

AMÉLIORATIONS

SUR

L'AGRICULTURE.

EXPOSÉ

DES

AMÉLIORATIONS INTRODUITES

DEPUIS ENVIRON CINQUANTE ANS

DANS LES DIVERSES BRANCHES

DE

L'ÉCONOMIE RURALE,

DU DÉPARTEMENT DES HAUTES-ALPES,

PAR M. FARNAUD,

Secrétaire général de la Préfecture, membre correspondant des Sociétés d'Agriculture de la Seine et de la Stura, et de celle des Sciences et des Arts de Grenoble.

Hic labor, hinc laudem fortes sperate coloni.
Nec sum animi dubius, verbis ea vincere, magnum
Quam sit, et angustis hunc addere rebus honorem.

VIRG Gorgic. Lib. III. ver. 288.

A GAP,

Chez J. ALLIER, Imprimeur et membre de la Société d'Émulation.

1811.

Cet exposé a été couronné, à Paris, dans la séance publique de la Société d'Agriculture de la Seine, du 15 juillet 1810, présidée par Son Excellence le Comte de *MONTALIVET*, Ministre de l'Intérieur. Il a valu à son auteur, une médaille d'or, du prix de 300 fr. Sur les invitations pressantes de ses collègues de la Société d'Émulation, et de plusieurs agronomes, et considérant que cet écrit, spécialement consacré à l'agriculture de ce département, peut être de quelque intérêt pour l'administration et pour les propriétaires, il s'est décidé à le publier, après une longue hésitation.

Voir le rapport sur les nombreux mémoires envoyés au concours, fait par MM. YVART, COQUEBERT-DE-MONBRET et FRANÇOIS DE NEUF CHATEAU, dans les annales de l'Agriculture Française, par M. TEISSIER, X.e cahier, tome XLIV. 31 octobre 1810.

EXPOSÉ

DES

AMÉLIORATIONS INTRODUITES

DEPUIS ENVIRON CINQUANTE ANS,

DANS LES DIVERSES BRANCHES

DE

L'ÉCONOMIE RURALE,

DU DÉPARTEMENT DES HAUTES-ALPES.

On s'étonne que la science de l'agriculture, si recommandable par son objet, si attrayante par ses développemens, si féconde par ses résultats, ait été, pendant un si long intervale, abandonnée, pour ainsi dire, aux vues bornées des esprits vulgaires. D'immenses recueils nous ont été transmis, attestant la profondeur et la flexibilité du génie des hommes ; un petit nombre d'écrits avant le XVIII siècle avaient été consacrés au premier des arts : soit que l'amour qu'il inspire, écartant les prestiges de l'ambition, eût étouffé chez les uns le désir de se faire connaître ; soit que chez les autres cette noble passion eût paru un véhicule impuissant pour mener à la gloire. Cependant la science de l'agronome ne se borne pas à des opérations purement mécaniques : sans cesse aux prises avec la nature, elle épie ses mystères, dérobe ses secrets, reconnaît les causes, calcule les effets et s'éclaire du flambeau de l'expérience. Ses découvertes enrichissent la patrie, en même-temps qu'elles l'honorent, et le bonheur des générations en est souvent le prix. Certes, est-il un plus noble, un plus vaste champ aux méditations de l'esprit, à l'emploi des talens, à l'application des connaissances humaines ?

Ne formons plus de regrets : une Société distinguée par le mérite et le savoir des membres qui la composent, renommée par ses travaux et par son désintéressement, consacre ses soins à relever l'honneur de l'économie rurale. Placée au centre de la première ville du monde, sous les yeux d'un héros restaurateur et protecteur de tous les arts ; attirant sur elle, par le seul objet de son institution, les regards de l'Europe savante ; elle n'a eu qu'à se montrer, et l'agriculture est parvenue, parmi les siences, au rang de gloire qui lui appartient. Dans les écrits qu'une heureuse fécondité fait éclore au sein de cette compagnie, on ne sait ce qu'on doit admirer le plus, ou de la supériorité des talens qui s'y développent, ou de l'excellence des préceptes qu'ils renferment; et sans tirer vanité de tout ce que l'État, les sciences, les arts doivent à chacun des membres qui la composent, ne lui suffirait-il pas, pour sa propre illustration, de présenter à la postérité son honorable président, tirant d'une main habile des sons harmonieux de la lyre d'Apollon, et de l'autre perfectionnant, avec un égal succès, l'instrument de Triptolème.

Ce que les annales de l'agriculture n'offrent point encore, la Société de la Seine a voulu l'entreprendre. Elle a senti qu'une science qui se compose de faits et d'observations, devait être suivie dans sa marche, considérée dans ses progrès, approfondie dans ses résultats; qu'ayant pour guide l'expérience, elle devait puiser dans le passé des leçons utiles: de-là, la nécessité de remonter vers le demi-siècle qui a fui devant nous. Ce demi-siècle si fécond en lumières, si renommé par l'accroissement subit d'une foule de connaissances, sur lesquelles s'étaye plus ou moins la science agricole, a également signalé un grand nombre d'améliorations dans l'économie rurale. Mais en quoi consistent-elles? par quels procédés les a-t-on obtenues? C'est ce qu'il importe de connaître, et voilà le but qu'on se propose. Réunir les élémens des diverses améliorations de l'agriculture depuis cinquante ans, sur la surface de ce vaste Empire, c'est fournir à la statistique des documens inapréciables, c'est indiquer aux agriculteurs ce qui reste à faire et comment on doit faire, en mettant sous leurs yeux ce qui a été fait. Sous ce double rapport qui n'aperçoit l'utilité de ce concours ?

Pour nous, pénétrés de l'importance d'une si belle et si vaste entreprise, et désirant y contribuer selon nos faibles moyens et d'après nos connaissances locales sur notre pays natal; effrayés de la tâche qui se dévoile à nos regards, mais excités, encouragés par les conseils du zèle et de l'amitié (1), nous appellerons à notre secours l'indulgence de nos lecteurs, et nous éloignerons la sévérité, en déclarant que notre essai est offert comme le denier de la veuve.

Le département des Hautes-Alpes serait peu digne de l'attention de la Société d'Agriculture de la Seine, si la diversité des climats, si tous les genres de productions, si la nature de tous les

---

(1) Ce mémoire a été entrepris sur l'invitation de M. PETIT DE BEAU-VERGER, membre du Corps législatif et de la Société d'Agriculture de la Seine, et d'après les recommandations de M. LADOUCETTE, ex-préfet des Hautes-Alpes.

sols ne devaient être l'objet de ses méditations. Placés au milieu de glaciers éternels, environnés de montagnes décharnées par les eaux, constamment victimes des intempéries d'une atmosphère sans cesse variable, toujours harcelés par des saisons trop précipitées, les habitans de ce pays ont-ils bien pu songer à des bonifications qui ailleurs ont été le fruit de la persévérance et des richesses ? Ont-ils pu suivre des méthodes dont l'emploi eût absorbé le temps destiné aux travaux ordinaires et à la défense du territoire contre les torrens ? Nous ne balançons pas à le dire ; nulle part, peut-être, l'agriculture n'a marché avec plus de lenteur, et si la révolution, qui devait soulever toutes les passions, n'eût, par une prédilection heureuse, suscité dans les Hautes-Alpes l'amour de l'économie rurale, peut-être nous-mêmes serions nous aujourd'hui condamnés au silence pour n'avoir pas suffisamment de matériaux à mettre en œuvre.

Néanmoins il est des améliorations qui appartiennent à des époques plus reculées ; telle est la mise en culture de partie de graviers improductifs, défendus par des digues dressées le long des torrens ; telle est encore la faculté de l'arrosage dont plusieurs communes sont en possession depuis un assez long espace d'années ; car il est à remarquer, d'une part, que si la médiocrité du sol, le concours des chances défavorables, le peu d'aisance enfin ont pu dégoûter le cultivateur et ralentir son zèle, de l'autre, l'impérieuse nécessité l'a forcé dans tous les temps à déployer contre ces fléaux les ressources de son industrie.

Mais avant de rechercher ces améliorations, jettons d'abord un coup d'œil rapide sur la situation topographique et géologique du département. Déterminons par masses les nuances principales qu'offrent son aspect, son agriculture et la situation des habitans, comparés à ce qu'ils sont aujourd'hui et à ce qu'ils étaient il y a cinquante ans : connaissances préliminaires sans lesquelles ils serait difficile, peut-être, d'aprécier les vues et les observations développées dans cet exposé.

Situation topographique et géologique du département. (1)

Le département des Hautes-Alpes se compose d'une grande partie de ce qu'on appellait anciennement *HAUT DAUPHINÉ*. Il est situé entre le 23.eme et le 24.eme degré de longitude et au 45.eme degré

---

(1) L'auteur de l'exposé n'a pas craint de reproduire ici quelques idées déjà publiées dans ses annuaires, et dont il a reconnu de plus en plus l'exactitude et la vérité.

de latitude. Sa surface est évaluée à 550,000 hectares ou arpens métriques (1). On croit généralement que près des deux tiers de cette surface sont occupés par les montagnes, les ravins et les routes et sont par conséquent improductifs. On y remarque cinq bassins principaux auxquels viennent aboutir une infinité de vallées particulières. Ils doivent les uns et les autres leur origine et leur profondeur aux torrens qui les parcourent. Le sol est hérissé de montagnes du premier, du second et du troisième ordre. Leur variété, leur dissémination lui donnent un aspect pitoresque. Les mamelons qu'on rencontre au fond des bassins ne permettent d'y compter que de faibles étendues en plaine.

---

(1) L'arpentage exécuté dans le tiers des communes du département, indique que cette évaluation est à peu près exacte. Voici comme on divise par aperçu cette surface :

Terres ensemencées			118,000 arpens.
Prairies			14,200
Vignes			8,500
Bois	communaux	60,000	63,000
	nationaux	3,000	
Eaux et Torrens			20,800
Rochers stériles et Terres incultes			321,300
Villes, Bourgs, Villages, Maisons, Routes et Chemins			4,200
TOTAL			550,000

Cette portion de l'Empire français ne peut être comparée à aucune autre. A chaque pas elle offre des contrastes frappans. A côté d'un paysage riant de verdure, on trouve l'aridité, le dénûment du désert ; et souvent une source imperceptible, s'échappant d'un rocher, embellit par sa fraîcheur le flanc extérieur de la montagne qui la recèle. Au bas des vallons l'ame s'attriste à l'aspect de ces torrens destructeurs, qui envahissent la portion la plus précieuse du territoire, mais elle se complait aussi au milieu des belles productions que leur fureur a respectées ; le sentiment de l'observateur qui parcourt ce pays se compose d'un mélange de peines, de plaisirs, d'espérances et de regrets.

Le climat des Hautes-Alpes réunit toutes les températures : c'est du contact de deux expositions l'une au nord, l'autre au midi, dont on peut dire véritablement que les extrêmes se touchent. Les vallées dessinées en vastes amphitéâtres ont des zones de température qui leur sont propres. Leur aspect plus ou moins exposé au sud, le plus ou moins d'ouverture qu'elles donnent aux vents du nord, déterminent les nuances qu'on remarque dans la culture des plantes céréales, dans la qualité des vignobles, et dans l'existence ou la croissance des grands végétaux. La proximité des neiges, les combats que se livrent les vents, les froids prolongés, les chaleurs précoces et une infinité d'autres accidens trompent souvent la prévoyance du cultivateur et ruinent ses espérances.

Si la température est variable, la nature du sol ne l'est pas moins. Les calcaires compactes et les schisteux appartenans aux terrains secondaires, décrits par les géologistes, se montrent principalement au midi du département et dans le fond des bassins; les terrains crayeux et ocreux, connus sous le nom de terrain tertiaire, qui se fait distinguer par des agglutinations variées de fragmens des deux premières espèces, dominent dans les parties élevées; une troisième division ayant pour base des lits formés de galets ou pierres roulées, liées ensemble par un ciment siliceux et calcaire, est disséminée indistinctement sur toute la surface; enfin quelques terres situées dans les plaines, celles qui sont le plus rapprochées des villes, des villages, des habitations participent à l'heureux mélange du silice, du calcaire, de l'alumine et de l'humus par les dépôts qu'elles ont reçus, ou par les engrais qui les ont amendées. Mais ces nuances ne sont pas tellement détachées, que les terres même d'une faible étendue, n'offrent souvent des variétés remarquables : bouleversées dans tous les sens par les effluves qui s'y frayèrent un passage, les couches présentent des ondulations attestant la violence des courans, et dans lesquelles les détritus des terres et des rochers se sont accumulés pêle-mêle.

Au bas des vallons, au sein de vertes prairies coulent des ruisseaux limpides qui y entretiennent une fraîcheur salutaire ; leurs bords, ceux des rivières, sont marqués par des touffes d'arbres portant un ombrage épais. Là le saule, le peuplier gris et blanc, le frêne, l'érable, l'ormeau, l'aulne, et des arbrisseaux de divers genres procurent annuellement, par la tonte de leurs feuillages, des ressources abondantes pour la nourriture des bestiaux en hiver. Quelques vergers ornent l'intérieur des prairies. Le noyer, cet arbre magnifique, dont la superbe végétation attire les regards du voyageur, borde les terres de labour, et couvre souvent, par sa vaste circonférence, les amas de cailloux et de pouddings dont les torrens l'ont environné, sans nuire à ses développemens. Sur le revers des collines, et loin des eaux qui le font périr, l'amandier, non moins utile, prend une croissance rapide. Des bouquets de bois, des arbres fruitiers et forestiers épars sur les côteaux, souvent des vignobles considérables, quelques fois des prairies et de belles moissons y forment des rideaux de verdure, entre-coupés par les excavations des torrens.

Plus haut, des bois taillis, placés sur les flancs et sur les sommités des collines, ornent le paysage. Le hètre, le buis, le fustet, le cormier y végètent avec succès dans les parties méridionales du département : le chêne, le genièvre, le pin dominent dans les parties septentrionales ; plus haut encore se font remarquer sur les montagnes et non loin du séjour habituel des neiges, des bois de futaie trop dégradés par une funeste imprévoyance, et formés principalement du chêne, du hètre, du pin, du sapin et du melèze qui, à l'âge de cent ans, n'a encore acquis qu'une partie de sa croissance. Ces bois au nord se conservent dans toute leur vigueur ; ceux tournés vers le midi, privés de fraîcheur, laissent à nud, à de fortes élévations, les rochers crevassés. Dans les intervales des grandes montagnes et quelques fois sur les revers, gisent de vastes tapis de verdure appellés montagnes pastorales, dont l'herbe succulente, bien mieux que celle des prairies ordinaires, engraisse de nombreux troupeaux. Là dans le mois d'août, le printemps se pare de toutes ses richesses : l'odeur, l'éclat et la beauté des fleurs attestent que la nature, sans les secours de l'art, peut, dans les déserts même, étaler des prodiges.

Dans la plaine, sur le revers des collines, quelquefois à d'assez grandes élévations, sont bâties, çà et là des habitations rurales. Les villages, les hameaux sont plus particulièrement adossés contre des rochers : soit que leurs habitans, pendant les guerres civiles, eussent en vue de se garantir plus facilement de l'invasion des seigneurs ennemis, soit qu'ils eussent pour objet de mettre leurs bâtimens hors des atteintes d'un ennemi plus redoutable encore, le vent du nord. Dans le Briançonnais les maisons rurales et celles des villages, sont couvertes, la plupart, en planches de mélèze; dans l'Embrunais en ardoise; dans le Gapençais en chaume; dans le Serrois en tuiles.

Les grains recueillis par l'habitant sont de bonne qualité, sur-tout ceux qui, venus sur la base des côteaux ont éprouvé l'influence d'une bise fécondante. Il en est de même des fourrages. Quant aux vins, nous n'avons à mentionner pour la qualité que ceux qui croissent sur les bords de la Durance, vins trop peu connus et trop décriés, peut être, par le seul nom des Hautes-Alpes.

Livrée à ses propres ressources l'agriculture, dans ce département, n'a rien pu obtenir du commerce ni de l'industsie. Eh! que de bénéfices à faire si les moyens pécuniaires étaient proportionnés à l'étendue des besoins! Des compagnies qui s'entendraient ou pour dériver des canaux d'arrosage, ou pour conquérir des limons par des digues contre les torrens, exploiteraient des mines dont les produits seraient incalculables.

Voilà la contrée qui fixe dans ce moment l'attention de la Société mère : voilà le tableau rembruni qui échappe involontairement à notre plume, et que nous nous efforcerions vainement d'embellir. Faut-il l'avouer? la nature s'est montrée marâtre envers nous : le printemps par ses gelées prolongées et par la fonte des neiges ; l'hiver par ses frimats entremêlés de beaux jours ; l'été par ses orages, ses grêles et ses trombes ; l'automne par ses pluies désastreuses : tout conspire contre nos récoltes ; chaque saison nous réserve un fléau particulier. Mais des dons plus précieux que ceux des richesses nous sont offerts, en compensation, par la providence. L'habitude du travail, des mœurs simples, l'absence des passions violentes, une ambition modérée : tels sont les contre-poids qui font remonter pour nous les balances de la vie au niveau du bonheur. Et cet amour inexprimable que le montagnard garde pour sa chaumière, et ces souvenirs plus puissans que les faveurs de la fortune, qui le ramènent du sein de cités florissantes vers les lieux agrestes où se développèrent ses premiers désirs, ne sont-ils pas des témoignages vivans d'un instinct particulier, placé tout exprès dans le cœur de l'homme des vallées, en dédommagement de ses privations et des peines qu'il endure ?

L'aspect extérieur du sol a éprouvé une révolution notable depuis un demi-siècle. Alors, des bois mieux conservés, des bruyères plus épaisses couronnaient les sommités des montagnes et ornaient les flancs des collines. Les rivières contenues dans leurs lits n'avaient encore franchi que faiblement leurs limites. D'effrayantes excavations ne coupaient pas en tout sens le territoire. Les torrens moins profonds permettaient, pour les canaux, des prises d'eau plus faciles. Les campagnes étaient embellies par des sources plus nombreuses ou plus abondantes.

L'abatis des bois, l'arrachement des taillis, les essarts faits dans les landes et les bruyères, furent le signal de la destruction. Précipitées du haut des rochers, des croupes des montagnes et des collines, les eaux, aux moindres pluies, n'eurent plus de l'impidité; elles ne coulèrent plus dans les lits bordés d'osiers et de gazons: des laves bourbeuses, chargées de débris immenses, parcoururent sans obstacle les campagnes, et ruinèrent à la fois, et les propriétés qu'elles dépouillèrent, et celles qu'elles vinrent envahir. Par-là les crêtes des collines se sont abaissées, les angles des torrens se sont agrandis, leurs côtés ont reçu une plus forte inclinaison aux dépens des terrains en culture, et les plaines se sont élevées sur plusieurs points : d'où il résulte inévitablement de grandes pertes pour l'agriculture et un aspect peu favorable pour le département. De nombreuses générations s'écouleront et le

mal

mal ne sera pas à son terme, tant l'imprévoyance de l'homme a des suites longues et funestes! tant il faut respecter ce que la nature a créé pour la conservation de ses œuvres!

Heureusement des consolations balancent nos regrets : malgré ces bouleversemens dans le territoire, des digues assises contre les torrens, enchaînant leur fureur, garantissent une partie du terrain le plus précieux des Alpes. Les moissons sont plus étendues, les prairies plus nombreuses et plus productives : l'agriculture a donc fait un pas immense, puisqu'elle a pu couvrir tant de pertes et améliorer le sort de l'habitant! Des canaux d'arrosage existaient alors; mais depuis il en a été construit un grand nombre, et leurs résultats ont contribué à donner aux produits territoriaux un accroissement remarquable.

Le cultivateur ne connaissait qu'une sorte d'assolement ; diviser ses terres labourables en deux parties, tenir constamment l'une en semence et toujours de même nature, et l'autre en repos : tel était le cercle immuable d'où il n'osait sortir. Les prairies artificielles, les grains marsaux, les pommes de terre sont venus à son secours : il a pu du moins consacrer à leur culture une partie de ses jachères.

Mauvais bestiaux, par conséquent, mauvais labours ; pénurie de fourrages, peu d'engrais, point de réparations essentielles : voilà alors l'état déplorable de l'agriculture. Ignorance des procédés les plus simples, abandon aveugle à tous les préjugés enfantés par la routine, insouciance et dédain pour les travaux champêtres ; privations en tout genre, peines physiques, misère profonde : tel était le triste apanage de nos pères.

Nous sommes loin de nous ériger en apologistes de l'état actuel de l'agriculture dans les Hautes-Alpes ; mais du moins l'œil de l'observateur se repose avec satisfaction sur des travaux qui annoncent de l'intelligence, de l'émulation et la cessation de cet engourdissement funeste.

L'amélioration des produits territoriaux a causé celle qu'on remarque dans la population. Le département compte 121,000 ames ; on doute qu'il y en eût plus de 100,000 il y a un demi-siècle. Cet accroissement de population, réagissant ensuite sur l'agriculture, a contribué peu à peu à introduire plus d'aisance dans les ménages, et cette aisance à son tour donnant plus d'énergie, plus d'activité, plus d'industrie, plus d'instruction, plus de lumières, a procuré des adoucissemens de plus d'un genre. Ces adoucissemens ont encore eu pour cause la suppression des corvées, l'abolition de la dîme, et la diminution des dettes par l'effet du papier-monnaie. Heureux l'habitant des campagnes, si la première institution des justices de paix se maintient dans toute sa pureté ! Heureux encore si une trop fatale avidité, en abusant des lois tutrices des droits des créanciers, ne vient pas lui ravir, à la moindre dette et à vil prix, le patrimoine de ses pères !

C'est dans le cours de ce demi-siècle que des grandes routes, traversant le département en tout sens, ont été ouvertes dans les Hautes-Alpes ; avant cette époque on ne connaissait point les voitures. Pendant cet espace de temps des chemins vicinaux ont été créés, et un plus grand nombre réparés. De ces travaux sont résultés un développement subit dans l'esprit des alpicoles, qui dès ce moment n'ont plus fait une peuplade à part, des débouchés avantageux, et de grandes facilités pour les exploitations rurales.

Telles sont par aperçu les nuances les plus frappantes qu'offre l'état actuel de l'agriculture et la situation de l'habitant, comparé à ce qu'ils étaient avant l'époque dens laquelle nous sommes circonscrits. A quoi devons nous le bienfait de ces améliorations ? Un agronome distingué nous l'apprend : (1) *à l'harmonie entre la science qui éclaire et le pouvoir qui protège.*

---

(1) M. Petit-de-Beau-Verger a fait un rapport à la Société de la Seine sur les travaux de celle des Hautes-

Loin des regards du prince, cette contrée fixait bien peu autrefois, l'attention des dispensateurs de ses grâces. Trois intendans seulement (1) avaient consenti à ne pas sacrifier tous les fonds de la province à l'utilité ou à l'embellissement des lieux voisins de leur résidence. Pendant leur magistrature les chemins publics furent ouverts dans le haut Dauphiné ; des digues importantes y furent construites.

Des autorités plus rapprochées des administrés (2) leur succédèrent : c'est alors que le premier essor fut donné en faveur de l'agriculture. M. Bonnaire, ensuite, premier préfet des Hautes-

Alpes ; son objet principal a été de prouver que l'harmonie entre la science qui éclaire et le pouvoir qui protège, produit d'admirables effets. A la suite de ce rapport la Société de la Seine a décerné une médaille d'or à la Société d'Émulation des Hautes-Alpes.

(1) MM. de la Porte, de Marcheval et Caze de la Bove.

(2) Ce rapprochement est sans contredit la première cause des améliorations qui font l'objet de ce mémoire. Cet exemple, comme plusieurs autres qu'offre, sans doute, la surface de la France, est bien propre à fixer les vues politiques du gouvernement, en ce qui concerne les divisions de territoire. Ses bienfaits, ses encouragemens, mieux répartis, se font ressentir aujourd'hui jusqu'aux points les plus éloignés de l'Empire. Il n'en était pas ainsi sous l'ancien régime.

Alpes, chargé par les Consuls de porter la vie dans ces malheureuses contrées, débuta dans cette noble mission avec la double prépondérance d'un zéle éminemment éclairé et d'une éloquence toute persuasive. Ses discours aux habitans des campagnes, en faveur de l'agriculture, sont encore présens à nôtre esprit. Dans un mémoire statistique, plein de vues profondes et qui fait époque dans les annales de l'administration, il embrassa d'un coup d'œil le présent et l'avenir. Les abus y furent signalés avec une touchante énergie : les améliorations à faire y furent montrées avec enthousiasme. Par-là fut fixé le point de départ d'où l'on peut aisément calculer la progression du bien dont ce pays est redevable au gouvernement de SA MAJESTÉ. Déja il avait jeté parmi nous les fondemens d'une administration véritablement paternelle, quand tout-à-coup, placé sur un théâtre plus digne de ses vastes conceptions et de ses rares talens, ce vertueux magistrat fut enlevé à l'amour, à la reconnaissance de ses administrés, emportant tous nos regrets et tous nos suffrages.

Il était réservé à son successeur de réaliser ses espérances. M. LADOUCETTE se montra avec une ardeur pour le bien qui ne connut pas de bornes : les obstacles disparaissaient devant sa volonté. Sciences, arts, monumens, agriculture, embellissemens, établissemens de bienfaisance : rien n'échappa à sa constante sollicitude. Tout ce qui parut utile devint l'objet de ses méditations et fut entrepris. Heureux le département, si des secours fournis par l'État, ou des ressources locales, eussent pu être en harmonie avec tant de zèle! Par un ascendant irrésistible et par des encouragemens décernés en public, M. LADOUCETTE porta jusqu'à l'exaltation l'amour des habitans vers l'économie rurale. Il créa une Société d'Émulation dont nous sommes forcés de supprimer l'éloge (1); mais qui, par ses travaux et sur-tout par la rédaction d'un journal périodique, a rendu des services signalés. C'est dans cette situation des esprits que M. DEFERMON vient de prendre les rênes de la magistrature. Son amour particulier pour le premier des arts, la bonté imperturbable de son caractère, la confiance sans bornes qui l'environne, le le désir d'ajouter encore à l'œuvre de ses prédécesseurs, tout nous annonce qu'à la fin de sa

---

(1) Nous faisons partie de cette Société. M. Rolland, ex-constituant, homme de lettres, aussi recommandable par ses qualités personnelles que par ses connaissances variées et profondes, a donné au département et à la Société d'Émulation les plus grandes preuves de zèle et de dévouement, en sa qualité de directeur des rédacteurs du journal. Nous nous plaisons à consigner ici cet hommage, offert à l'amitié par la reconnaissance.

carrière politique dans les Hautes-Alpes, nous aurons à retracer aussi les travaux qu'il aura honorés de ses regards, et qui seront en grande partie son ouvrage.

Il nous reste à parcourir, maintenant, les diverses parties de l'économie rurale, pour relever en détail les améliorations qu'elles ont éprouvées; pour cela, le programme de la Société de la Seine, qui a tout prévu, tout embrassé, nous offre un guide d'autant plus sur, qu'en le suivant pied à pied, rien ne peut échapper à notre attention. Cet examen nous mettra en même-temps à portée de faire connaître les vices actuels de notre culture, les obstacles qui s'opposent à une bonification complette, et ce qu'on peut encore espérer à cet égard (1).

---

(1) Pour éviter la répétition fastidieuse des évaluations des divers degrés d'améliorations, comparés à ceux obtenus, il y a cinquante ans, nous avons dressé à la suite de ce mémoire un tableau fictif destiné à les faire connaître, et à indiquer ceux que l'on peut espérer raisonnablement d'obtenir encore sur chaque branche de l'agriculture. Nous osons espérer que les soins donnés à ce tableau, calqué d'ailleurs sur des renseignemens reçus de tous les points du département, nous mettront à l'abri de toute contradiction.

1.° *Constructions rurales.*

Les habitations rurales sont, peut-être, l'indice le moins équivoque de la richesse ou de la misère publique; et il ne serait pas impossible de déduire les améliorations du département de celles qu'ont acquises les constructions. En nous reportant à un demi-siècle, nous reconnaissons que les métairies, bâties souvent avec de la terre grasse, n'offraient ni aisance, ni distribution, ni salubrité. Les hommes logeaient, pour ainsi dire, pêle-mêle, avec les bestiaux : un seul lit servait à toute une famille. De faibles ouvertures ne donnaient presque point de circulation à l'air, et une humidité constante régnait dans les étables et dans les rez-de-chaussée.

Des inconvéniens si graves n'ont pu résister entièrement au torrent des lumières et aux préceptes de la raison. Les cultivateurs se sont donné en général plus d'espace et plus de facilités. Des lits sont placés séparément dans des chambres mieux aérées : des pierrées pratiquées extérieurement, en forme d'aqueducs, jusqu'au-dessous des fondations, rejettent les eaux qui submergeaient le bas des habitations; les écuries, les granges sont plus spacieuses, et les fours et les loges des animaux immondes sont établis loin des chaumières. Voilà ce qu'ont pratiqué, en général, ceux qui ont construit ou réparé leurs maisons.

Mais le bien n'est que commencé, et le temps même ne pourra le réaliser entièrement. Comment, en effet, se promettre des changemens bien considérables dans la position des villages et des hameaux ; dans la construction gothique des maisons ; dans leur resserrement et dans leur trop grande élévation sur les montages ? La raison indique bien de faire disparaître ces larges ouvertures, pratiquées au faîte des maisons, pour y introduire les fourrages, le bois, et les fagots ; et la raison sera un jour victorieuse de cette méthode funeste ; mais que peut-elle pour obvier à l'entassement des chaumières, à leur adossement contre des rochers, à l'irrégularité des bâtimens et au rétrécissement des rues ? Que prescrira-t-elle qui n'ait déja été conseillé en vain, par le plus cher intérêt des familles, pour éloigner les habitations des granges et des écuries qui font craindre, à chaque instant, le danger du feu et de la contagion, deux fléaux également redoutables ? Le mal le plus évident, le plus difficile à extirper, consiste dans les toitures de chaume ou de planches de mélèze, qui procurent aux incendies un aliment si facile. On calcule qu'il n'est pas de villages ou de hameaux, ainsi recouverts, qui ne brûlent une fois tous les cinquante ans. Pendant l'administration des intendans, le gouvernement accordait la prime du tiers de la dépense à celui qui convertissait son toit de chaume en un toit d'ardoise. Heureuse prévoyance à laquelle est due la conservation d'un grand nombre de métairies ! Aujourd'hui ce stimulant n'existe plus : les préfets n'ont que des ressources trop bornées pour opérer un si grand bien. (1)

Le cultivateur qui construit un toit en chaume trouve tout sous sa main : les peupliers qui bordent ses propriétés, forment la charpente ; il prend les lattes sur ses saules ou dans ses bois d'aulnes ; ses moissons donnent la paille : il n'a besoin ni de planches ni de cloux ; il économise souvent jusqu'à la main-d'œuvre, et il appuye ses bois sur de vieux murs, qui ne résisteraient pas au poids d'un toit en tuiles ou en ardoises : l'économie est donc le premier obstacle à vaincre dans la conver-

(1) Les fonds de non valeur distribués par les préfets ne sont destinés qu'à soulager le malheur et non à prévenir le retour des désastres. Les habitans du village de Puy-près, en Vallouise, dont les maisons ont brûlé trois fois depuis quatre ans, ont consenti, malgré leur misère profonde, à employer les secours qu'ils ont obtenus à la découverte d'une carrière d'ardoise. Ceux de la Salle, d'après l'impulsion de leur maire, viennent au secours de celui qui veut convertir son toit de planches de mélèze en un toit d'ardoises, par la prestation en nature ou par des primes volontaires. M. Defermon, en approuvant ces mesures, a signalé l'exemple de ce dévouement mutuel.

sion tant désirée de ces couvertures. Ajoutons que les pailles, les foins, les feuillages, étant renfermés dans les granges, présentent aussi des dangers, sous le rapport des incendies; que dès lors un toit en ardoises ou en tuiles ne prévient que la chance du feu qui vient de l'extérieur; d'où l'on conclut que pour les maisons isolées, il n'y a pas de bien grands avantages à renoncer aux toits en chaume, qui n'exigent qu'un faible entretien, et qui garantissent parfaitement l'habitation des eaux de pluie et des autres intempéries.

Quoiqu'il en soit, nous sommes fondés à croire que ces améliorations iront toujours croissant, sur-tout si l'administration publique pouvait de nouveau y consacrer l'emploi de quelques encouragemens.

2.° *Perfectionnement des anciens instrumens aratoires, machines et ustensiles, inventions ou adoptions nouvelles en ce genre.*

Si l'on a réfléchi à tout ce qui précède, on ne s'attendra pas, sans doute, que nous ayons à tracer le tableau d'aucun perfectionnement dans les instrumens de labour, ou dans les machines ou ustensiles nécessaires à l'agriculture. Peu accoutumés à innover, trop peu aisés pour faire des épreuves qui pourraient être en pure perte, nous attendons les leçons de l'expérience au lieu de les donner. On laboure généralement la terre, on foule les grains, on les émonde de la même manière qu'on l'a pratiqué, sans doute, dès la plus haute antiquité. La charrue actuelle (1), à cause de sa grande simplicité, est encore un obstacle presque invincible, à l'adoption d'une charrue nouvelle. Le laboureur le plus ignorant la fabrique, la monte, l'attele, sans faire d'autre dépense que celle du soc. Les charrues proposées par les sociétés savantes, exigent la main du charron : voilà précisément le point impraticable.

La Société d'Émulation, sachant bien que le vice radical qui paralyse ici l'agriculture, est presque tout entier dans la mauvaise construction de notre araire, a saisi toutes les circonstances propres à favoriser d'utiles innovations en ce genre. Elle ne peut se vanter de grands succès ; cependant, vers le midi du département on passe beaucoup de terres à la bèche (2), et l'on s'en

---

(1) Cette charrue est la même que celle décrite par Virgile. Voyez le livre I er des Georgiques, le dictionnaire des antiquités Grecques et Romaines, par Furgault, art. labourage.

(2) La bèche ou louchet est sans contredit le meilleur instrument de labour, connu. Il a cet avantage sur tous les autres, qu'il renverse la terre du haut en bas, et qu'il

trouve à merveille, sur-tout, pour l'extirpation des mauvaises plantes. Plusieurs propriétaires font usage de la grande charrue de Grenoble. Malheureusement sa construction est hors de la portée du cultivateur; cette charrue est exclue d'ailleurs d'une grande partie du territoire, à cause du peu de profondeur des couches végétales. Dans les métairies qui ne sont pourvues que d'une paire de bœufs, de mulets ou de vaches (et c'est le plus grand nombre), comment espérer de mettre cet instrument en activité, sur-tout, pour les terres argileuses ?

Le coutrier ou oreiller est une charrue adoptée depuis moins de cinquante ans, avec avantage par des cultivateurs intelligens. Il diffère de l'araire ordinaire en ce que le soc est plus large, moins long et moins pointu, et qu'il n'a qu'une

---

coupe les racines parasites. Cette opération faite avant l'hiver, met les terres en fusion et les rend parfaitement souples. Cet instrument est supérieur à la bèche des jardins, en ce qu'il est armé d'une pèle de 48 centimètres (18 pouces) de hauteur. Il nous est venu de la provence; on ne s'en sert que depuis quelques années, pour le labour des champs, et pour le défoncement des prairies. Son usage, assez général dans les parties méridionales et occidentales du département, remonte peu à peu vers les parties supérieures. Il s'introduit dans ce moment, à Gap, chef-lieu et centre des Hautes-Alpes.

grande oreille mobile, que le laboureur retourne à chaque raie, du côté du guéret. La terre renversée d'abord au fond des sillons, et ramenée ensuite à la superficie par le second labour, reçoit tour-à-tour, au moyen de cette charrue, les émanations bienfaisantes de l'athmosphère.

La charrue de M. Guilleaume, couronnée par la Société de la Seine, plus simple et moins lourde que celle de Grenoble, n'a pas malheureusement répondu à l'espoir que nous en avions conçu pour les labours des terres argileuses et pour le défoncement des prairies artificielles. A trois époques différentes, nous en avons fait l'épreuve dans une terre ni trop légère ni trop compacte, et qui déjà avait reçu un premier labour à la charrue ordinaire : trois fois nous avons échoué dans nos essais (1). La première et la seconde expérience, pratiquées avec trois bons chevaux de voiture, n'ont donné, malgré tous les efforts du conducteur, qu'une profondeur de huit centimètres (environ trois pouces), ce qui ne pouvait remplir notre objet. La principale difficulté consistait à tenir le soc dans la raie,

(1) La commission était composée de MM. Romane, juge en la cour spéciale, Jaubert-Beaujeu et Serres conseillers de préfecture, et de l'auteur de cet exposé.

d'où les mottes qu'il soulevait, tendaient sans cesse à le faire sortir. A la troisième épreuve il se mit en pièces. Nous présumâmes dès-lors que cette charrue était insuffisante pour vaincre la ténacité de notre sol dans les plaines. Les terrains légers auxquels elle convient et qui ont le plus d'analogie avec les terres environnant la capitale, placés sur la croupe des collines, portent ou sur des poudings ou sur des rochers qui empêchent l'action de cet utile instrument. N'importe, la charrue *Guilleaume* n'en est pas moins une heureuse découverte pour l'agriculture, ne fut-ce que par l'exemple qu'elle a fourni de l'application de la force motrice au plus grand point de résistance.

Ceci nous amène naturellement à observer que la science ne doit pas se borner à la recherche d'une charrue unique. Il en faut tout autant qu'il y a de diverses natures de sols bien caractérisées. De nouvelles récompenses doivent donc s'attacher aux découvertes, qui procureront à toutes les terres, les charrues les plus convenables et les plus appropriées à leur qualité : tel est le vœu que nous soumettons avec confiance aux lumières de la Société d'Agriculture du département de de la Seine.

Au reste, si jusqu'à ce moment il n'est encore qu'un certain nombre de propriétaires qui aient substitué à leur pitoyable araire, une charrue plus analogue à la nature du sol, on ne peut néanmoins s'empêcher de reconnaître que la première impulsion est donnée; que tous les cultivateurs sentent la nécessité de recourir à de meilleurs instrumens aratoires et de changer la forme de leurs attelages (1), et que c'est déjà beaucoup d'avoir fait faire à l'opinion un pas si avantageux. Nous renvoyons à l'article du perfectionnement du labourage le surplus de nos observations à ce sujet.

5.° *Les clôtures, les défrichemens et la culture des communaux.*

La vaine pâture n'étant en usage que dans les prés marais et après l'enlèvement des récoltes, les cultivateurs ne trouvent qu'un médiocre intérêt à clôre leurs propriétés. Au contraire nous placerons au rang des améliorations introduites dans l'agriculture, la suppression des hayes épaisses, qui

(1) La plupart des laboureurs font tirer par le cou, ce qui enlève aux bestiaux une partie de leurs forces, et leur occasionne de vives douleurs jusques à ce qu'ils y soient accoutumés. Il est déjà un bon nombre de propriétaires qui ont adopté l'usage du joug que l'on attache aux cornes des bœufs avec des corroies de cuir.

bordaient

bordaient encore les héritages, il y a environ quarante ans. Les racines des arbres et des arbustes, les ombres qu'ils portaient au loin dans les champs et dans les prairies, nuisaient singulièrement aux récoltes; les bois ou les feuilles qu'ils procuraient, n'en étaient qu'un bien faible dédomagement; les seules clôtures conservées existent le long des chemins, aux bords des ruisseaux ou des rivières.

Quant aux défrichemens et à la culture des communaux, nous devons plutôt nous en plaindre que nous en réjouir. Il n'est pas douteux que ces opérations n'aient donné un accroissement de productions territoriales : dans certaines parties même, et sur-tout dans la plaine, on ne pouvait rien faire de plus utile. Mais à combien de désastres ces travaux entrepris sur les côteaux, conseillés par l'imprudence et dirigés par l'avidité, n'exposent-ils pas le territoire des Hautes-Alpes ?

Eclairés par une fatale expérience, les hommes de bien n'ont cessé d'élever la voix contre de si funestes opérations. Les tribunaux secondent à l'envi l'administration publique pour la répression de ces délits ruraux ; mais l'on ne contrarie pas impunément la nature : ces arbrisseaux à longues racines, et ces gazons tutélaires qu'elle avait si sagement placés pour la défense des couches végétales, comment les reproduira-t-elle sur des rochers aujourd'hui nus et décharnés ?

Les dégradations des bois ont eu les mêmes résultats. Dans les grands pays de plaine leur destruction est sans doute un mal considérable ; ici nous l'envisageons comme une calamité publique. Indépendamment de l'éboulement des terres, de l'accès que l'arrachis des souches donne aux eaux dans les couches végétales, elle a diminué sensiblement nos sources, et de plus elle nous prive d'une défense naturelle contre la violence des vents. C'est à cette destruction, peut-être, que nous devons attribuer ce changement notable que l'on aperçoit dans la température des diverses saisons. Autrefois, et nous en avons fait si souvent la remarque, autrefois, depuis la Toussaint jusqu'à la mi-mars, nos campagnes étaient rarement privées de neige ; les printemps étaient pluvieux ; les étés chauds ; les automnes brumeuses. Depuis quinze ou vingt ans cet ordre est interverti : au lieu de saisons caractérisées, chacune d'elles participe aux températures de toutes les autres, ensorte que nous regardons comme extraordinaire qu'une récolte entière échappe aux effets de tant d'alternatives.

Au physique comme au moral, le mal s'opère avec rapidité, le bien ne marche qu'à pas lents. Quelques années ont suffi pour détruire ; des siécles ne suffiront pas pour réparer. Cependant on remarque avec plaisir, que dans plusieurs endroits, des bouquets de bois commencent à recouvrir les côteaux naguères sans verdure. Ce ne sont, il est vrai, que des bois taillis ; mais si l'on continue à les respecter, ils feront de nouveau un jour l'orgueil de nos campagnes ; et à cet égard on doit tout attendre du zèle de l'administration, et plus encore de l'épreuve fatale à laquelle nos cultivateurs viennent d'être soumis.

Des défrichemens ont eu lieu, comme nous venons de le dire, sur les sommets et sur les flancs des montagnes et des collines; ils ont été l'ouvrage de l'aveugle et cupide ignorance ; il en est d'autres exécutés dans les plaines, le long des rivières et près des torrens, sur des terrains garantis par des plantations et par des digues : nous en sommes redevables à l'amour éclairé de l'agriculture. Ceux-ci seront traités à l'article des digues, arrêtons-nous aux résultats des premiers.

Les communaux partagés entre les habitans de nos diverses communes, ceux qu'ils ont usurpés et défrichés depuis cinquante ans, forment, d'après des données assez possitives, la 150.eme partie des terres labourables cultivées dans les Hautes-Alpes, abstraction faite des terrains mis en valeur dans la plaine ; mais il ne serait pas exact de calculer les produits dans la même proportion; car il est à remarquer, et c'est ce qui excite vivement nos regrets, que ces terres essartées sur les élévations, ne sont susceptibles que d'un bien faible produit. Placées dans une région trop froide, la plupart ne donnent que du seigle, de l'avoine, de l'épeautre et du sarrasin, et leur éloignement des habitations les prive de labours et d'engrais. Par une pratique mal-entendue, le cultivateur ajoute encore à l'improduction de ces terrains. Après avoir défriché et dégazonné à une profondeur de quinze centimètres (cinq à six pouces), il ramasse en divers tas et en fourneaux, et les mottes et toute la terre végétale. Le feu ardent introduit au milieu du fourneau, alimenté par le bois, les racines et les gazons desséchés, calcine la terre au point qu'elle rougit comme la brique, et qu'il n'y reste d'autres sucs nourriciers que ceux déposés par la combustion (1). Le résultat de cette méthode est de donner une assez passable récolte, la première

(1) Dans le département de l'Isère on apporte bien plus d'intelligence dans l'opération du fournelage. On enlève la terre superficielle, tout au plus à deux centimètres de profondeur, et avec elle toutes les plantes dont la combustion produit des sucs nourriciers, sans dénaturer la couche végétale.

année ; récolte due sans doute à la cendre dont les effets ne se portent pas plus loin. On laisse alors reposer la terre pendant huit ou dix ans, après quoi l'on recommence encore la même opération pour mettre de nouveau à profit les gazons que la nature, plus sage que l'homme, est parvenue à reproduire.

Nous ne croyons pas nous éloigner de la vérité en évaluant, année commune, le produit des terrains ou communaux défrichés sur les sommités ou sur les croupes des montagnes, depuis cinquante ans, dans le département, à la 110.me partie des produits annuels des grains spécifiés ci-devant ; et alors il est aisé de juger que ce produit est payé bien chèrement, s'il faut le compenser avec les pâturages ou les bois qu'on y trouvait auparavant, et sur-tout avec les événemens fâcheux auxquels les défrichemens donnent lieu.

4.° *Perfectionnement du labourage.*

Ce que nous avons dit de la construction de la charrue ordinaire, semblerait nous dispenser de nous étendre sur le perfectionnement du labourage ; mais si l'araire est vicieux, des travaux exécutés autrement, ont heureusement suppléé à son défaut et contribué à accroître nos productions territoriales (1). C'est ici le lieu de parler de ces travaux, après toutes fois avoir indiqué les diverses natures de terrains sur lesquels on les a pratiqués, et les difficultés qu'on a eu à surmonter.

Primitivement le sol des Hautes-Alpes était presque entièrement couvert de forêts. Des bouquets de bois, disséminés dans les cempagnes, des arbres épars en offrent la preuve. Les laboureurs qui s'y fixèrent, trouvèrent dans la fertilité du sol un ample dédommagement de leurs premiers travaux. Cette terre vierge répondait abondamment à leurs efforts, et par cette raison, et peut-être à cause du petit nombre de bras, on se contenta de la défricher à une très-légère profondeur. La population augmentant ensuite progressivement, on songea moins à accroître les productions par une bonne culture, qu'à étendre

(1) On a remarqué que les productions n'étaient pas en proportion avec les améliorations introduites dans les travaux de labour, d'où l'on conclut que si les terres n'étaient pas mieux cultivées qu'elles l'étaient il y a vingt-cinq ans, elles rapporteraient beaucoup moins qu'à cette époque. Est-ce à cause des variations de l'athmosphère? Est-ce par l'effet de l'épuisement successif des terres? Nous n'osons prononcer; mais nous pouvons assurer que cette observation est générale parmi les bons cultivateurs.

les conquêtes et son patrimoine par les mêmes opérations : d'où il est aisé de conclure que les premiers défrichemens ne furent faits que d'une manière très-imparfaite. Cependant, nous remarquons qu'il est encore beaucoup de terres dont la couche végétale ne reçoit pas de culture plus profonde, que celle qui lui fut donnée lorsqu'elle cessa d'appartenir aux forêts ; mais nous déclarons en même-temps, que dans une période de vingt années au plus, il s'est effondré plus de terres dans le département, qu'on ne l'avait fait, peut-être, pendant un siècle.

Par l'aperçu que nous avons déjà donné sur les diverses natures du sol, on a dû juger des efforts et des dépenses d'un propriétaire qui entreprend de donner aux couches végétales de ses champs, la profondeur convenable. Ailleurs, la principale culture consiste dans les labours à la charrue, et de forts bestiaux, attelés à de bons instrumens, suffisent. Ici les labours ordinaires ne changent rien à la culture, ni aux produits, si déjà l'enlèvement des pierres, et la fusion des corps adhérens ne les ont précédés. Ce n'est qu'alors seulement qu'ont peut labourer avec succès à la grande charrue, renverser annuellement les terres avec la bèche, et pratiquer enfin toutes les épreuves que commande l'intérêt de l'agriculture.

Cette opération qu'on appelle effondrement, si

nécessaire pour redonner à la terre des moyens de reproduction, est sur-tout indispensable dans les terres fortement argileuses Dépourvues de silice, elles ont une adhérence qui les rend imperméables à l'air et à l'eau, toutes les fois que de bons labours ne les ont pas divisées ; or les labours ordinaires rompent leur ténacité, tout au plus à trois doigts de profondeur. Les eaux pluviales submergent constamment en hiver une si faible couche, et alors l'action journalière et successive de la gelée et de la fonte des glaces, la bouleversant en tout sens, font périr la plante, repoussée du sein maternel. On conçoit qu'il n'en est pas ainsi, lorsque la terre remuée à quarante-huit centimètres (18 pouces), permet à l'eau de se précipiter.

Ce résultat n'est pas le seul qui dirige le propriétaire dans l'entreprise de travaux si considérables. En été, et ceci s'applique à toutes sortes de terrains, lorsque les fortes chaleurs se font sentir, les épis surpris, tout-à-coup, blanchissent au lieu de se dorer. Ce fléau désastreux est nommé *la presse*. Le paysan l'attribue à la trop forte intensité des feux du soleil : nous en trouvons tout simplement la cause dans l'exiguité de la couche végétale sur laquelle reposent les moissons. Privée des principes fécondans dont elle avait nourri la tige, il ne lui reste alors ni sucs ni fraîcheur pour achever l'élaboration des grains.

L'effondrement est l'opération la plus pénible en agriculture ; elle exige du temps et des sacrifices (1). Souvent les schistes, les pouddings et

---

(1) L'effondrement a lieu au moyen de tranchées horizontales, faites avec la pioche, à la surface de la propriété, sur la largeur d'un mètre. La première couche enlevée à la pelle, on donne un second labour aussi profond que le premier, et on laisse la terre, qui en provient, au fond du fossé, en ayant toujours l'attention de rejetter les pierres en dehors. Cette première tranchée faite, on reporte le cordeau à une nouvelle distance d'un mètre, et on recommence la même opération, de manière que la première couche enlevée et jettée dans le premier fossé, forme la couche supérieure de celui-ci, et ainsi de suite, en observant de tailler toujours à pic sous le cordeau, afin qu'il ne reste dans l'intervalle d'un fossé à l'autre aucun corps solide. Quelques propriétaires ont pensé qu'au lieu d'une seule couche il fallait en enlever deux à la pelle, et laisser la troisième dans le fond du fossé ; mais on objecte contre ce procédé qui, du reste, n'en est que meilleur, quand il s'agit d'épierrer les terres en pente , ou de prévenir la stagnation des eaux sur la surface des fonds en plaine : 1.° qu'il est plus dispendieux ; 2.° qu'il a l'inconvénient de rapporter sur la surface une couche végétale non encore saturée d'anciens principes atmosphériques ; et 3.° qu'il faut y employer beaucoup plus d'engrais pour la rendre productive. Le prix commun de l'effondrement, selon la première méthode, est de cinq francs l'are, selon la seconde de onze francs. Les pierres qui en proviennent, extraites souvent par le

les terres elles-mêmes, résistent à l'acier le plus dur et aux bras les plus vigoureux.

Il en est une autre non moins essentielle, d'où dépend l'assainissement des terres et sans laquelle on n'a aucunes récoltes à espérer, c'est celle de la formation des pierrées. (1)

On complette ces réparations en faisant remonter sur les parties élevées de la propriété, les terres que les labours ordinaires, les pluies et les seuls effets

---

jeu des mines, sont employées aux digues, aux murs de soutènement, aux pierrées ou aqueducs, et aux bâtimens. Quelques fois pour s'en débarrasser on les enfouit à une profondeur considérable.

(1) Les pierrées consistent à creuser un fossé, (assez ordinairement en forme de fer-à-cheval, de manière à embrasser toute la partie humide), de quatre-vingt-un centimètres (deux pieds et demi) de largeur, sur un mètre vingt-neuf centimètres (quatre pieds) de profondeur. On pratique au fond un aqueduc en pierres sèches, sur lequel on jette, sans ordre, d'autres pierres de moyenne grosseur, qu'on recouvre d'environ quarante centimètres de terre remise ensuite en culture. Les eaux naissantes, et de filtration étant ainsi arrêtées, par l'effet de ces saignées, se précipitent dans l'aqueduc qui les conduit hors de la propriété. Le prix d'un mètre de pierrées, sans le transport des pierres, est communément de vingt-cinq centimes.

des lois de la pésanteur ont accumulées vers ses bords inférieurs (1). Tout les quinze ans, dans les terrains en pente, on est forcé de renouveller les mêmes opérations, sous peine de voir son champ livré à la vaine pâture (2).

Voilà les travaux préliminaires d'une bonne culture ; voilà par où doit nécessairement commencer celui qui secouant le joug de l'aveugle routine, cherche à introduire dans ses métairies l'usage des charrues à versoir ou de la bèche. Il faut le dire, des travaux de ce genre exigent quelquefois l'emploi d'un capital équivalant à la valeur intrinséque de la propriété ; et si l'on réfléchit à la vaste étendue des fermes, à la rareté des bras, au peu de ressources en tout genre du propriétaire, il faut convenir qu'en restituant ainsi ses terres au domaine de l'agriculture, il stipule bien mieux pour l'intérêt de la société en général, que pour

---

(1) Les appréciateurs des revenus territoriaux ne sauraient trop se pénétrer des sacrifices qu'exigent ces sortes de réparations, qui enlèvent aux propriétaires plusieurs années du produit des terres qui en font l'objet.

(2) Ces transports s'effectuent avec des tombereaux ou à la brouette, si l'on est en plaine ; à dos de mulet dans des bennes à verroux, s'il faut gravir la propriété, ou bien avec un brancard porté par deux hommes.

le sien propre. Aussi nous ne balançons pas à repéter que celui qui, dans les Hautes-Alpes, parvient à défricher un champ d'une faible étendue, a eu bien plus de peines à supporter, plus de dépenses à faire, plus de privations à essuyer que celui qui, dans un pays de grande culture, vient à bout de fertiliser une propriété très-considérable.

C'est ici le cas de nous élever contre la manie de quelques esprits superficiels qui, ne s'étant pas donné la peine d'approfondir les causes de ces obstacles, rejettent sur l'incurie du cultivateur, ce qui souvent ne doit être attribué qu'à la nature des choses ; selon eux on devrait mieux travailler les terres, les assainir, les labourer plus profondément, et ils ne voient pas que l'inexécution de ces indications triviales tient bien moins à l'ignorance et à la mauvaise volonté, qu'au défaut de moyens pécuniaires.

Il faut à l'homme des passions : il est un âge où le cœur et l'esprit ne leur fournissent plus les mêmes alimens, disons plutôt où le cœur et l'esprit ont besoin de repos, sans toutefois tomber dans l'apathie qui leur répugne. Les douces et modestes occupations de la campagne, l'agitation modérée qu'elles entraînent, le désir d'améliorer, de renouveller, de créer, aiguillonnent l'amour-propre et remplacent bientôt une foule d'affections qui n'offraient plus les mêmes attraits :

voilà les causes qui combattent tous les obstacles, qui écartent les suggestions de la parcimonie, qui étourdissent même sur les résultats, et voilà à quoi sont dues en partie les nombreuses améliorations que l'agriculture a faites par ce genre de travaux (1).

Les vieilles prairies, épuisées par des produits séculaires, ont également reçu l'application de ces réparations utiles. Malgré les amendemens qu'on donnait à la surface, leurs couches intérieures ne répondaient que bien faiblement à cette précaution : on les a défoncées, remises en culture pendant quelques années et puis renouvellées. Les plantes prairiales végétant aujourd'hui, où naguères des pommes de terre, d'autres racines, du chanvre et des grains ont donné d'abondantes récoltes, indiquent, par la beauté des fourrages, qu'elles vivent dans un sol tout nouveau.

Les résultats de ces utiles innovations dans les Hautes-Alpes, depuis cinquante ans, ont

---

(1) On ne saurait donner trop d'éloges à l'émulation qui s'est manifestée en faveur de l'agriculture, depuis quelques années. Dans les cantons d'Aspres-sur-Buëch, de Veynes et de la Saulce, entr'autres, on travaille avec une rare intelligence, et les cultivateurs déployent un zèle admirable pour se surpasser les uns les autres, dans la culture de leurs propriétés.

été bien considérables, et ceci ne paraîtra pas surprenant, si l'on examine que les meilleurs labours ont donné à la culture annuelle quelques portions de jachères ; qu'ils ont compensé la déperdition progressive de la plupart des terres, la conversion en prairies artificielles de beaucoup d'autres, l'excédant des consommations en grains, occasionné par l'excédant de la population, enfin ce que les variations de l'athmosphère ont fait perdre en fixité au climat des Hautes-Alpes.

5.° *Les changemens qui ont eu lieu dans les assolemens et la manière de faire les récoltes.*

Les habitans des Hautes-Alpes connaissent peu l'art de varier les semences et les assolemens. Tout porte à croire que, sans les canaux d'irrigation, on n'eût jamais songé à s'écarter de la pratique, si anciennement usitée dans ces contrées, de mettre en culture la moitié de la propriété et de laisser l'autre en jachère. Mais grâce à l'accroissement, on a vu convertir en prairies une grande étendue de terres, et par cela seul on a été forcé d'établir de nouveaux assolemens. Le sain-foin, don que la Providence a destiné particulièrement aux terrains arides, en occupant à son tour et successivement les champs non arrosés, a donné aussi à la culture des développemens qui n'étaient pas connus il y a un demi-siècle. Ajoutons que les travaux, décrits dans l'article précédent, ont également permis de mettre en culture permanente une bonne partie des terrains sur lesquels ils ont été exécutés.

C'est par ces moyens que dans les cantons du département, où la population resserrée suffit au travail des terres, on a vu peu à peu accroître les divisions des assolemens, et que les propriétés ont fini par être constamment livrées à la culture variée dont elles étaient susceptibels. C'est ainsi que sur les points où les bras sont en disproportion avec l'étendue des terres, on a vu les grands propriétaires, sans suivre précisément les règles d'un assolement méthodique, procurer à leurs domaines de plus fortes productions, lors même qu'ils se décidaient à avoir moins de terres en labour.

Les bénéfices résultant de ces nouveaux procédés sont incalculables, si l'on songe que tout se tient en agriculture. L'amélioration a eu principalement lieu dans les fourrages : de là plus de bestiaux à nourrir, plus d'engrais, plus de productions, moins de dépenses, plus de revenus ; nous serions embarrassés si nous voulions parcourir l'échelle de tous ces avantages. Les terrains non convertis en prairies, par suite de ces bonifications et de ces amendemens, ont été consacrés en partie à la culture des grains marsaux, des pommes de terre, du chanvre, et d'une foule d'autres plantes ou racines, non moins utiles à la nourriture de l'homme qu'à celle des bestiaux ; et nous croyons pouvoir avancer sans exagération, qu'il résulte de ce nouvel ordre de choses, dans les communes arrosées par des eaux salutaires, et dans celles où l'on connaît tout le prix du sain-foin, une bonification moyenne, équivalente au moins au cinquième des récoltes anciennes.

Mais combien ces pratiques efficaces pourraient être encore étendues ! que de vœux à former à cet égard ! que de préjugés, que d'obstinations à vaincre ! Esperons que les bons exemples, les instructions périodiques de la Société d'Émulation (1) dessilleront enfin, tout-à-fait, les yeux des habitans des campagnes, et finiront par faire disparaître les traces d'une opiniâtreté que l'on regarderait, à bon droit, comme problématique, si des points considérables du département n'en attestaient encore la réalité.

Quant à la manière de faire les récoltes, elle n'a jamais variée, et parmi les procédés qu'on y

---

(1) M. Serres, ex-législateur, membre du conseil de préfecture, l'un des membres les plus distingués de la Société d'Émulation, a publié, en l'an 13, un mémoire sur la suppression des jachères, qui a remporté le prix décerné par cette Société.

employe, il en est plusieurs qui méritent, à juste titre, la réprobation des amis de l'agriculture.

6.° *Animaux domestiques, Pacage, Laitage, Engraissement, Connaissances vétérinaires.*

Mérinos et Métis.

Des tentatives infructueuses faites, il y a près de quarante ans (1), pour améliorer les races indigènes, semblaient rendre douteux les essais qui pourraient avoir lieu, pour l'introduction des mérinos dans les Alpes. Le zèle éclairé de quelques propriétaires a dissipé toutes les incertitudes, par le succès de leurs efforts. Déjà des troupeaux assez nombreux de mérinos et de métis (2) se font remarquer avec avantage sur plusieurs points du

(1) M. Provensal d'Ancelle, père de M. le procureur général impérial près la cour de justice criminelle des Hautes-Alpes, tira de la Flandre, environ 75 moutons de superbe race. Dans les écuries une nourriture succulente et copieuse les entretenait en bon état, mais en été ils dépérissaient sur les pacages ordinaires, vu sans doute que les herbages n'y étaient pas suffisamment abondans; ils finirent par disparaître.

(2) La Société Pastorale d'Embrun entretient un troupeau de 800 bêtes, en été, dans les montagnes des Hautes-Alpes; en hiver, dans la plaine de la Crau, près d'Arles. Le nombre total des mérinos ou métis dans le département est d'environ trois mille.

département, et tout annonce que de nouveaux spéculateurs agricoles ne resteront pas indifférens aux bénéfices que les premiers ont obtenus.

Cependant, comme s'il était dans les destinées de l'homme d'être toujours entravé dans ses entreprises par quelque obstacle imprévu, on remarque avec peine que le défaut de débouchés pour les laines de mérinos ralentit le zèle. Sans doute il faut tout attendre du commerce explorateur ; mais jusqu'à ce moment l'éloignement des grandes manufactures ajoute aux embarras du petit propriétaire. Il voit écouler rapidement ses laines ordinaires, et faute d'acheteurs, il est forcé de garder inutilement chez lui des laines bien plus précieuses, gage des sacrifices qu'il s'était imposés. (1)

Sous ce rapport, il serait à désirer que les grandes manufactures, dont l'essor est encouragé par le gouvernement, missent quelque empressement à recueillir ces laines à des prix raisonnables. Le propriétaire alors augmenterait ses troupeaux en proportion de ses bénéfices, et d'autres marcheraient bientôt sur ses traces.

Moutons ordinaires.

Les moutons du pays ont acquis, depuis envi-

---

(1) Depuis la rédaction de cet exposé, la manufacture établie dans la maison de détention à Embrun, fait une certaine consommation des laines de mérinos et métis.

ron quarante ans, une amélioration sensible, par le croisement des races estimées que fournissent les campagnes d'Arles. Des milliers d'agneaux passant chaque année dans le commerce, viennent peupler les étables et féconder ensuite les brebis indigènes. Cette amélioration n'est pas indifférente; mais la plus importante est celle qui résulte de l'augmentation des troupeaux. Les bois défrichés, les terrains conquis sur les rivières, les nombreuses prairies formées, depuis cinquante ans, enfin l'aisance acquise depuis cette époque : tout nous porte à croire que le nombre des moutons s'est accru d'un tiers. Si l'on réfléchit que des races transhumantes, au nombre de plus de cent vingt mille, consomment toutes les années les herbages de nos montagnes, on doit espérer de voir luire le jour où les capitalistes de ce pays partageront, avec ceux du midi, les bénéfices de ces spéculations. (1)

---

(1) Les propriétaires de ces troupeaux ne pourraient pas mieux se passer de nos montagnes, en été, que nous pourrions nous passer des plaines de *la Crau*, en hiver, si nous suivions les mêmes spéculations.

Le prix du mouton, sans graisse, est de 10 à 15 francs. Le bénéfice que procure le mouton, se trouve principalement dans la laine dont la quantité moyenne est de 2 à 3 kilogrammes par bête. L'excèdant des laines, employées dans les ménages, passe dans les départemens environnans. Dorénavant la manufacture établie près la maison centrale de détention d'Embrun en fera une certaine consommation.

Chèvres.

Animal précieux, mais dévastateur, vache du pauvre, mais reprouvée par le riche, la chèvre n'a dans son espèce obtenu aucune amélioration. Tour-à-tour tolérée et proscrite dans les campagnes, elle a eu des périodes de multiplication et de décroissement, et nous sommes forcés de compter au rang des bonifications le petit nombre qu'on en trouve aujourd'hui. Si l'administration la perd un instant de vue, elle se reproduit tout-à-coup par milliers, et alors c'est un torrent dévastateur qui porte la mort dans les campagnes. Si le laboureur ne prenait pas toujours pour guide l'intérêt du moment, s'il était plus raisonnable, l'administration pourrait concilier les avantages que procure cet animal, avec la sûreté des bois; il serait permis, sans l'autorisation, d'avoir une chèvre à l'attache, ou dans une écurie; des communes en corps pourraient les diriger de nouveau, au son d'une conque bruyante, sur des quartiers de rochers improductifs, séjour ordinaire des chamois; mais la moindre licence en pareil cas dégénère en abus, et la conservation des forêts doit être la suprême loi pour les pays de montagnes. Ainsi tout en gémissant sur l'obligation de proscrire les chèvres, nous devons avouer, avec les vrais amis de l'agriculture, que cette sévérité est un mal nécessaire.

Porcs.

Le nombre des porcs, entretenus actuellement dans les Hautes-Alpes, surpasse de beaucoup celui qu'on y élevait il y a cinquante ans. Pour peu qu'il y ait d'aisance dans un ménage on y consomme le cochon qu'on a nourri pendant l'année. Les amis de l'agriculture s'en réjouissent, parce qu'il ne peut y avoir de bons travaux agricoles, qu'autant que ceux qui les pratiquent se nourrissent bien. Dans les parties méridionales du département, où le chêne domine, on élève les cochons par troupeaux. Ils sont vendus à la fin de l'automne dans les villes des Hautes-Alpes et de l'Isère. Ainsi l'industrie et l'agriculture trouvent d'amples bénéfices dans cette spéculation (1).

Chevaux Mulets et Anes.

Les races des chevaux et mulets indigènes, loin de gagner vont au contraire en s'abâtardissant, sur-tout depuis que des primes ou des encouragemens ne soutiennent plus le zèle des propriétaires d'étalons; c'est au point qu'on à tout lieu de craindre de ne trouver bientôt plus ici

(1) Le cochon gras de l'année se vend communément de 54 à 95 francs. Le cochon de mai, la moitié environ.

de ces animaux propagateurs, ou bien qu'il n'en existe que de dégradés par la taille ou par les formes. Les ânes paraissent se conserver mieux dans leur espèce.

Le nombre de ces bestiaux s'est également accru dans des proportions avantageuses, par les mêmes causes que nous avons détaillées; mais ce qui est d'un prix infini, c'est le commerce établi sur les mules et les mulets originaires du Poitou, qu'on élève dans les Hautes-Alpes. Amenés dans ces contrées dès l'âge de six mois, ils passent la belle saison sur les montagnes pastorales ou dans les prés marais. En hiver on les nourrit, on les engraisse dans les écuries, et à l'âge de trente mois, recherchés par les juifs, les Languedociens, les Provençaux et les Italiens, ils font l'ornement de nos foires. Acheté en Poitou, le jeune mulet coûte de 150 à 200 francs; vendu un an après à Gap, Embrun ou Guillestre, pour la charrette, il rapporte de 432 à 1200 francs.

Ce commerce est particulièrement suivi dans les vallées du Champsaur et du Queyras, vallées pécunieuses qui retirent ainsi le plus grand produit de la consommation de leurs fourrages. Si des haras se formaient, on verrait cesser le tribut que les Hautes-Alpes portent au Poitou, et les mulets indigènes paraîtraient sur nos foires avec autant d'avantage que les mulets d'origine étrangère (1).

Bœufs et Vaches.

La même introduction a lieu pour les bœufs. On ne fait ici que très-peu d'élèves. Soit erreur, soit habitude, le propriétaire spécule plutôt sur le laitage que sur tout autre produit. Par suite de ce système les jeunes veaux mâles, au bout de quinze ou vingt jours, sont impitoyablement livrés au boucher, ou bien conduits sur des charrettes à Marseille et à Toulon, où le même sort les attend. Le prix de ces veaux est alors de 12 à 15 francs.

Les bœufs de labour nous sont principalement fournis par les départemens de l'Isère, du Mont-blanc et par celui de la Lozère. Ils y sont introduits en partie, au moment où le petit propriétaire peut s'en servir pour la charrue. Ils circulent ainsi par l'effet du commerce de métairie en métairie,

---

(1) Le nombre de chevaux, mulets et ânes comparé à ceux qu'on entretenait il y a 50 ans, est comme 15 à 20.

Le prix des chevaux roule ordinairement entre 150 à 200 francs.

Celui des mulets de labour de 240 à 400 francs.

Celui de l'âne de 30 à 80 francs.

Celui de la bourrique de 60 à 150 francs.

jusqu'à ce qu'ayant acquis toute leur grosseur et venant sur le retour, ils sont engraissés dans les étables pendant l'hiver, et sont aussi amenés dans les boucheries du département ou dans celles de Toulon et de Marseille.

Quant aux vaches, il s'en fait dans le département un assez bon nombre d'élèves ; leur race est au-dessous de la médiocre, mais elle donne du lait assez abondamment. Dans le Briançonnais, dans le Champsaur et dans tous les lieux où les terres sont fort légères, les vaches suffisent aux labours, et y sont employées exclusivement à tous autres animaux (1).

C'est au défaut d'habitude de faire des élèves, qu'est dû en partie le peu de succès qu'a eu dans ce pays, l'introduction du bétail suisse, si vivement sollicitée par M. Ladoucette, et encouragée par S. Ex. le Ministre de l'Intérieur. La grosseur des genisses qui composaient les convois, la beauté et les belles formes des taureaux, tout faisait présager que dans peu d'années il y aurait, dans les races indigènes, une amélioration satis-

---

(1) Le nombre actuel des bœufs est à celui de 50 ans, comme 15 à 12.

Celui des vaches, comme 15 à 5.

Le prix de la paire de bœufs est de 216 à 500 francs. D'une vache de pays de 45 à 100 francs.

faisante. Nos espérances sont loin de se réaliser! la disproportion énorme des taureaux suisses avec les vaches du pays a d'abord exigé des précautions particulières pour l'opération du saut; le temps de la gestation a paru très-pénible; la délivrance a eu quelques accidens: il n'en fallait pas davantage pour jetter quelques incertitudes dans l'esprit du cultivateur, sur les résultats du croisement. On a cru remarquer ensuite que les vaches suisses ne reprenaient le veau qu'à un éloignement considérable et qu'elles donnaient moins de lait que les vaches du pays, et cette dernière circonstance a été attribuée à la qualité des herbages qu'on a supposés moins succulens et moins gras que ceux de nos voisins; enfin une dernière objection nous représente le bétail suisse, exigeant une nourriture copieuse et recherchée, et ne pouvant gravir les élévations et les rochers, ainsi que le font les bœufs et vaches du pays, qui s'y nourrissent de petits herbages, et que l'on y abandonne quelquefois pendant une saison entière. L'administration a cru d'abord qu'il fallait rejeter cette improbation et ce dégoût sur l'esprit de l'habitant, que la moindre innovation effraye; elle a soutenu le zèle des maires; elle s'est adressée aux hommes instruits, répandus dans les campagnes; elle a demandé des rapports détaillés et véridiques aux artistes vétérinaires.

L'administration ne se laisse pas rébuter par les contrariétés ; mais elle voit avec peine que les taureaux suisses, décriés dans les campagnes, demeurent inactifs ; que jusqu'à ce moment leur existence a été singulièrement à charge aux communes, et que déjà il en a péri un assez bon nombre. Bientôt on pourra asseoir une opinion certaine à ce sujet, et on saura si les Hautes-Alpes, moins heureuses que la Suisse, doivent tout-à-fait renoncer à l'espoir de rivaliser avec elle, en ce qui concerne les bêtes à cornes. En attendant nous rentrons dans notre sujet en avouant que ce moyen d'amélioration n'a donné encore aucun résultat positif.

Parcage.

Le parcage dans les Hautes-Alpes a lieu dès le mois de mai jusqu'au mois d'octobre. Rien à cet égard n'a été innové depuis 50 ans. Seulement le nombre de parcs a augmenté en proportion du nombre des moutons. Cette pratique utile ne peut être en usage que dans les contrées, où de vastes pâturages permettent aux propriétaires de réunir un grand nombre de bétail ; mais comme si la nature avait été attentive à tous les besoins des hommes, il arrive que les grands pâturages sont précisément placés là où le piétinement humide des bestiaux est d'un grand secours, et où les terres, dépourvues d'alumine, ne peuvent se passer d'engrais par la déperdition constante qu'elles éprouvent. Ces sortes de terres, ainsi amendées et tassées, rapportent des récoltes abondantes.

Laitage.

Le laitage forme une des principales ressourcs, des Hautes-Alpes ; il a éprouvé des amélioratiionse non pas dans la qualité mais dans la quantité. Le Champsaur et la vallée du Queyras sont les deux parties du département où cette branche de revenus a le plus de succès. Les quartiers de Champoléon et de Molines donnent des fromages fort estimés, et ceux de Cervières, dans le Briançonnais, portent au loin, dans le midi, leur réputation. Indépendamment de la consommation locale, il s'exporte dans la ci-devant provence une grande quantité de beurre et de fromages, et nous croyons pouvoir établir que l'accroissement de revenus provenant du laitage est, à celui de 50 ans, comme 8 est à 15 (1).

Engraissement.

Le moyen le plus naturel qui se présente pour

---

(1) La destruction des chèvres a porté un préjudice considérable à cette portion des revenus.

tirer un produit des fourrages, lorsqu'ils excèdent ce qui est nécessaire à la consommation des bestiaux de labour, est l'engraissement. C'est en hiver sur-tout qu'on s'en occupe. On fait dans les écuries un triage des moutons les plus beaux et les moins jeunes ; on les nourrit de foin et plus abondamment que les autres ; on leur donne en outre de la farine d'ers et de gesses, des pommes de terre et quelquefois du pain de noix qu'on délaye dans la boisson avec du sel. Le prix du mouton est à la fin de l'hiver de 18 à 24 francs.

La même méthode est pratiquée pour les bœufs et pour les mulets dont on veut se défaire. On les panse en outre soigneusement. L'engraissement ne procure pas toujours des bénéfices sur les bœufs ; les prix qui s'établissent dans les foires rendent quelquefois inutiles tous les soins du cultivateur. Ces prix varient beaucoup selon la plus ou moins grande quantité de fourrages qui restent dans les greniers ; et il arrive souvent qu'au printemps le laboureur est obligé de remettre ses bœufs de graisse à la charrue, pour n'avoir pu les vendre, même au prix qu'il les avait achetés ; ensorte qu'il ne retire alors de la consommation de ses fourrages aucun profit, si ce n'est celui de l'engrais.

Voilà comment s'explique la différence énorme

qui existe dans le produit d'un pré, dont le propriétaire vend le fourrage sur place, avec celui d'une semblable propriété, dont la récolte est consommée dans ses étables. Année commune, le fourrage qui, vendu sur place donnerait 600 francs, ne produirait pas, indépendamment du fumier, 100 francs, au propriétaire, sur-tout, qui l'employerait à l'engraissement des bœufs.

La pratique de l'engraissement n'a point varié depuis 50 ans, mais nous ne doutons pas que, vu les débouchés qui se sont ouverts, à compter de cette époque, dans les départemens du midi, il n'y ait au moins un sixième en sus de moutons, bœufs ou mulets soumis à l'engraissement.

Connaissances vétérinaires.

Les connaissances vétérinaires ont fait généralement peu de progrès parmi les habitans de la campagne. Quelques hommes épars dans les hameaux, usurpateurs de la confiance de leurs voisins, s'immiscent dans un art dont ils ne connaissent pas les premiers élemens. A leurs yeux toutes les maladies sont les mêmes, et ils les traitent avec les mêmes remèdes, particulièrement avec des astringeans du premier ordre. L'administration a opposé à ce fléau le placement, dans les divers arrondissemens, de plusieurs artistes vétérinaires, qui se sont distingués dans l'école de Lyon. Pourra-t-on le croire ? L'artiste instruit n'obtient pas toujours la confiance. Le charlatan bouvier est consulté plus particulièrement par les paysans ; et l'exemple des bons agriculteurs et la perte de tant de bestiaux, qui jette la consternation dans les familles de la campagne, autant et presque plus que la mort de l'un des membres qui les composent, ne sont pas même suffisans pour dessiller les yeux.

Sans parler de ces hommes ineptes, qui, la plupart, sont les fléaux des campagnes, le département compte en ce moment dix artistes éclairés dans la science vétérinaire. C'est dire suffisamment qu'il y a eu également amélioration sur cette partie.

7.° *Insectes.*

Vers à soie.

En remontant à un demi-siècle, on trouve que le mûrier blanc n'était pas connu dans ces contrées. Une pépinière établie quelques années après, sous les auspices des intendans, donna des sujets dont nous voyons encore les restes épars dans les campagnes. C'est par le moyen de ces arbres que des jeunes personnes du sexe, à Gap, à Veynes, à Serres et autres lieux, faisaient encore, il y a environ vingt ans, des chambrées de vers à soie, dont le produit était d'autant plus apprécié, qu'il était le fruit de quelques mois de travail seulement. Une fatale spéculation exercée sur les cocons, mit fin à ce genre d'industrie, en réduisant leur prix à un taux de presque nulle valeur. Depuis cette époque les arbres ont disparu et avec eux l'usage des vers à soie.

L'administration voulant, autant qu'il est en elle, faire revivre une branche d'industrie, par laquelle peuvent fleurir les parties méridionales et occidentales du département, a consacré dans ses pépinières de vastes carrés à la culture du mûrier blanc. Déjà les milliers d'arbres qu'on y trouve donnent les plus belles espérances. Il en est de même des pépinières du même arbre qu'elle a encouragé dans les communes de Serres, de Rosans, de Trescloux et de Ribiers (1); ensorte que tout promet, sur-tout, d'après l'impatience qu'éprouve le propriétaire d'en border ses héritages et d'en faire des allées, que le moment n'est pas éloigné où l'on retirera des vers à soie des bénéfices considérables.

Abeilles.

Les abeilles sont en grande vénération dans

---

(1) Ces pépinières, en y comprenant celles du chef-lieu du département, comptent déjà plus de 30,000 mûriers.

les Hautes-Alpes. L'homme des champs les appelle *les insectes du bon Dieu.* Les idées religieuses qui s'attachent à ce petit animal, le préservent du pillage des voleurs et des insultes des méchans. On pousse le scrupule jusqu'à ne pas recevoir ni donner de l'argent pour vendre ou pour acheter des essaims ; on fait alors des échanges avec des productions de la terre.

Malgré ces préjugés favorables et les instructions lumineuses répandues par les sociétés savantes, sur cette partie de l'économie rurale, on ne s'aperçoit pas que le cultivateur ait rien changé à cet égard aux pratiques de sa routine. Retirer avec un coutelas, du haut de la ruche, et pour ainsi dire sans précaution, une grande partie du miel et de la cire qu'elle renferme, voilà tout son savoir faire. Il n'est pas plus adroit dans la construction et dans le placement de ses ruches. Quatre planches mal jointes, recouvertes d'une pierre, dressées indifféremment dans des expositions au levant ou au midi, et dans des endroits humides ou secs : tel est l'usage suivi le plus généralement pour le logement des abeilles.

On sent combien ces pratiques faites sans choix ni sans discernement, doivent nuire à la multiplication des ruchers ; mais ce qui en réduit essentiellement le nombre, c'est le défaut de

surveillance

surveillance et l'incurie de l'habitant à l'époque du départ des essaims. Il ne sait, pour les retenir, que battre sur des pelles et des chaudrons ; il ignore même qu'une légère aspersion d'eau, fixerait tout à coup les abeilles. Plusieurs propriétaires ne doivent de ruchers nombreux qu'au soin qu'ils ont eu de recueillir des essaims perdus dans le creux des arbres.

Il est peu de pays, sans doute, où la couleur et la qualité du miel varient comme dans les Hautes-Alpes. Souvent en parcourant les deux revers d'une colline, on trouve chez l'habitant du miel différent. Celui du Villard-d'Arêne, dans le Briançonnais, est un miel blanc par excellence. Le roux est bien moins estimé. La multiplication des prairies artificielles a singulièrement favorisé celle des abeilles. C'est à cela aussi qu'est due l'amélioration qu'on remarque dans les qualités. Nous n'exagerons pas en assurant que le produit actuel des abeilles surpasse d'un tiers celui qu'on percevait il y a cinquante ans.

8.° *Pêche, Gibier, Pigeons, Volailles.*

La pêche considérée comme produit est nulle dans les Hautes-Alpes. Quelques rivières et des lacs, placés sur les montagnes, fournissent de la truite d'assez bon goût, mais en petite quantité. Le gibier quoique plus abondant ne l'est pas au point d'exercer, par son existence ou sa destruction, aucune influence sur l'agriculture. Il n'en est pas de même des pigeons : leur nombre trop considérable est nuisible lors des semailles et des moissons. Il est utile lorsqu'ils se promènent dans les jachères. L'inexécution de la loi sur la fermeture des volières, aux époques indiquées, est la seule cause des inconvéniens dont-on se plaint. Au reste, le pigeon de même que toutes les volailles qui sont en liberté, est sujet à causer des dégâts, par cela seul qu'il faut qu'il vive. C'est au cultivateur à juger ce qui peut lui être plus avantageux, ou de conserver ces animaux ou d'y renoncer.

Dans le canton de Rosans on élève dans les champs moissonnés et dans les bois six ou sept mille dindes, que l'on vend à la foire de Lagrand, qui n'a lieu que pour cet objet de commerce, au prix de 1 franc 75 centimes à 3 francs la pièce. Ces dindes se répandent ensuite dans les départemens environnans.

9.° *Les engrais, leur augmentation et leur composition.*

Les engrais sont l'ame de l'agriculture. Il n'y a que quelques terrains privilégiés qui puissent se passer de ce moyen de reproduction : en ceci l'art doit seconder la nature ; c'est dire en deux mots que les habitans des Hautes-Alpes sont loin d'avoir à cet égard des pratiques avantageuses. Les bons cultivateurs eux-mêmes négligent, dans cette partie si essentielle de l'économie rurale, de tirer tout le parti possible des moyens que la nature place à côté d'eux pour ajouter, si non à la qualité, du moins à la quantité des engrais. Que de pailles se perdent, que de broussailles, que de feuilles, que de bruyères sont dispersées par les vents! Recueillies par une sage prévoyance, elles ajouteraient chaque année un volume énorme à la masse des fumiers.

Souvent la rareté des fourrages oblige de faire de toute la paille la nourriture des bestiaux; alors si l'on n'y a pourvu d'ailleurs, la litière ne se forme que des débris qui tombent des râteliers ou des crêches. Qu'on juge par-là et de la propreté et de la salubrité des écuries, et encore de la qualité des engrais! Au bout de huit ou dix jours les fumiers du gros bétail sont transportés dans un coin de la cour, où les eaux pluviales et le soleil leur enlèvent les principes fécondans dont ils sont saturés, sans compter tout ce qu'ils ont déjà perdu en bonté dans les écuries non pavées. Le fumier des bêtes à laine reste, sans être remué, jusqu'au moment du transport dans les champs.

Indépendamment de ces sortes d'engrais, faits comme on voit sans méthode, sans précaution, le cultivateur intelligent en ajoute plusieurs autres dont le succès n'a rien de douteux. Le principal c'est le terreau. Chaque soir, ou au moins tous les deux jours, il répand dans son écurie et au milieu des claies qui renferment ses moutons plusieurs tombereaux de terre, prise dans les champs voisins. Il peut alors fumer en grand ; rien n'est plus avantageux que cet usage. Les prairies s'en trouvent à merveille, sur-tout si cet amendement les couvre avant les frimats de l'hiver.

Une autre pratique généralement usitée dans ces contrées, à la portée du plus grand nombre, c'est la *terraillée* dans les prés, pendant l'hiver, et mieux encore à la fin de l'automne (1). Elle consiste tout simplement à y transporter dans des tombereaux ou des brouettes de la terre prise dans les champs voisins, ou au bas de la prairie, ou dans les fossés qui la bordent. Il ne s'agit ensuite au printemps que de râteler les petites pierres qui peuvent s'y trouver, et d'achever d'écraser les mottes que la gelée n'aurait pas mises en fusion. Nous garantissons que l'expérience a depuis long-temps consacré ici l'avantage de cet amendement, donné en dernier lieu comme

---

(1) Le rapporteur de la commission de la Société d'Agriculture de la Seine, relève cette pratique comme un fait important, et il ajoute : le mot *terraillée* est expressif, et manque à notre vocabulaire d'agriculture.

une découverte dans un des départemens de l'ouest.

Les terraillées dans les champs produisent des effets non moins salutaires. Outre que la terre, ainsi remuée, est un amendement par elle-même, sur-tout lorsqu'on a le soin avant de la transporter, de la tenir entassée quelques mois, principalement pendant l'hiver (1), cette opération donne au champ une couche plus profonde, et sert en même-temps à faire de bons mélanges.

L'usage du plâtre, employé comme engrais, est reconnu fort avantageux pour les prairies artificielles et notamment pour les sain-foins, semés sur les terres légères. Cet effet est peu marquant dans les terres argileuses. Grâces aux instructions de la Société d'Émulation des Hautes-Alpes, ce moyen de fécondation est généralement employé dans tous les lieux où gisent de grands amas de chaux sulfatée. Quelques propriétaires estimables ont cru remarquer que la terre, qui avait été ainsi amendée, éprouvait, après le défoncement de la prairie, quelque ralentissement dans les productions nouvelles qu'on exigeait d'elle, et ils ont attribué cet appauvrissement au

(1) Le complément de cette opération consiste à former les tas d'une couche de terre et successivement d'une couche de fumier, et d'y ajouter les gazons et les racines qu'on peut avoir à sa disposition.

développement rapide que le plâtre donne aux plantes du sain-foin. Ils ont cru reconnaître, surtout, que même après quelques années, ou de culture nouvelle, ou de repos, le sain-foin, qu'on y mettait ensuite, ne parvenait plus au même état de prospérité que le premier ; même en l'amendant à son tour avec le plâtre. Une observation de ce genre mérite d'être approfondie ; mais tant de circonstances étrangères ont pu contribuer à rendre moins brillantes les récoltes ultérieures de ces propriétaires, qu'il est prudent de douter encore de l'exactitude de cette observation.

Les engrais végétaux commencent aussi à s'introduire dans les Hautes-Alpes, et dans ce nombre nous plaçons au premier rang les gazons et racines des prairies défoncées ; on sème au printemps plusieurs sortes de grains, tels que les lupins et la bergelade, qui est un mélange de vesce et d'avoine, destinés à être enfouis à la charrue, lorsque les plantes sont en floraison. Mais ceux-là seuls peuvent mettre en pratique cette opération utile, qui sont possesseurs de forts bestiaux et d'une grande charrue. Avec la charrue ordinaire les plantes ne peuvent être renversées dans la terre, et alors on ferait en pure perte, pour l'amendement, le sacrifice d'un excellent fourrage. Ajoutons que ceux-là même, au pouvoir de qui sont les moyens que nous venons d'indiquer, tentés par la beauté de leurs productions, cèdent trop souvent au désir d'en faire la récolte, et c'est ainsi que s'évanouissent quelquefois les projets d'amendement par l'engrais végétal.

Les bons cultivateurs regrettent de ne pouvoir profiter, à cause des grands travaux de l'automne et de la rapidité de la saison, de l'engrais que donnerait l'enfouissement du chaume. Plusieurs propriétés ne se conservent en état de culture permanente en grains, que par ce moyen de restauration; mais dans les fonds qui restent en jachères, on n'a plus rien à espérer du chaume après les frimats de l'hiver qui le dévorent.

La multiplication des bestiaux et des fourrages dont nous avons parlé précédemment, l'usage devenu général de terrer les champs et les prairies, celui de semer du plâtre sur le sain-foin, et l'introduction de la pratique des engrais végétaux, ne nous laissent pas douter un moment qu'il ne se soit opéré, dans le département des Hautes-Alpes, une amélioration très-sensible sur l'augmentation des engrais; ce qui ajoute à notre assertion, c'est l'attention qu'ont les propriétaires des lieux élevés, de recueillir, depuis quelques années seulement, les fumiers considérables que déposent dans les bergeries les moutons, les mulets et les chevaux entretenus pendant l'été sur les montagnes pastorales. Ces engrais, transportés dans les champs, y font d'autant plus d'effet, que les terres légères dont ils sont composés ne donneraient aucune récolte, s'ils n'étaient amendés avant l'ensemencement; car il faut remarquer, en passant, qu'autant les terres compactes retiennent les élémens nourriciers des végétaux, autant celles-là les laissent échapper avec facilité.

10.° *Culture des plantes céréales, des racines, des légumes, etc.*

Voici l'ordre dans lequel on sème ici les plantes céréales. Le froment, le gros blé appellé regagnon, le blé blanc dit tuselle, l'orge, l'épeautre, occupent les terres fortes; dans les légères on sème le méteil, le seigle, l'avoine, la gesse, l'ers, l'allier, le poids-loup, etc. Les premiers sont employés au bas des vallons, les autres au penchant des côteaux et sur les élévations. Ce que nous avons dit, à l'article des labours, nous dispense d'entrer dans aucun détail sur le manière dont ces plantes sont cultivées. Nous remarquerons cependant que l'usage de semer du méteil nous paraît tenir à un préjugé pernicieux. Le cultivateur n'employe ce mélange que parce qu'il a remarqué que le froment et le seigle ne prospèraient pas toujours de la même manière, et en semant ensemble ces deux grains, il conserve l'espoir que si l'un manque, l'autre réussira. Ainsi, par une crainte souvent chimérique, il se condamne volontairement à n'avoir communément qu'une récolte médiocre ; en effet, la maturité du seigle arrive toujours au moins quinze jours avant celle du froment, il faut donc pour cueillir sa récolte à propos, ou qu'il laisse mûrir ce dernier grain, et alors l'épi du seigle est desséché et dépourvu de substance, ou bien qu'il coupe le seigle au point de sa maturité, et alors le froment n'a point acquis sa perfection. Voilà comment des idées pernicieuses, ajoutent encore de funestes effets aux intempéries des élémens.

Nous avons fait sentir, dans l'article des assolemens, combien le laboureur des Hautes-Alpes était peu versé dans l'art de varier ses cultures. Il y a sans contredit encore beaucoup de champs qui n'ont jamais porté d'autres grains que du froment ou du seigle, après un repos alternatif d'un an; comment espérer alors d'abondantes récoltes, si comme tout paraît l'indiquer, les céréales se nourrissent constamment de sucs particuliers à leurs différentes espèces ? Nous le répétons, l'introduction encore peu éloignée des prairies artificielles, a apporté depuis peu de grands changemens dans cet ordre de choses ; mais que ne reste-t-il pas à faire pour combler à cet égard les vœux du bon cultivateur ?

La culture des grains que nous venons de spécifier remonte ici à des temps fort réculés; il n'y a d'exception que pour le seigle dit de Saint-Paul, que l'on sème dans les meilleures terres, (1) son grain est menu; mais la quotité de sa production dédommage amplement le cultivateur.

Le rapport du produit moyen à la semence est; savoir: froment du 3 ½; méteil du 5; seigle ordinaire du 6; seigle de Saint-Paul du 12; avoine et orge du 6; l'épeautre du 15; l'ers du 40; poids-loup du 30, gesse du 35; lentille du 25. Ces deux dernières qualités ainsi que l'orge et l'avoine appauvrissent malheureusement le sol, et rendent le propriétaire fort circonspect dans leur culture.

Nulle branche de l'économie, rurale dans les Hautes-Alpes, ne présente une amélioration aussi satisfaisante que la culture des *Parmentières*, (pommes de terre). Leur introduction dans ces contrées date de fort loin; mais leur propagation

---

(1) M. le Sénateur François de Neufchâteau, à qui rien n'échappe de ce qui peut contribuer à la prospérité de l'agriculture, daigna adresser, l'année dernière, au premier magistrat de ce département, quelques grains dits de Pologne etc., qui furent indiqués comme grains marsaux. Les gelées du printemps ont rendu nos essais infructueux.

est devenue immense. Ce grand bienfait, nous ne saurions en douter, est dû en partie aux instructions si souvent renouvellées à ce sujet, par les Sociétés d'Agriculture. Si la Société mère a à s'applaudir de grands succès, c'est sur-tout dans celui-ci qu'elle doit se complaire, et que M. *Parmentier*, entr'autres, peut trouver, sans opposition, le titre d'ami de l'humanité.

En remontant à cinquante ans, nous trouvons que le propriétaire s'estimait heureux, lorsqu'il avait recueilli pour son ménage quelques paniers de cette précieuse racine. Aujourd'hui il ne serait pas satisfait s'il n'en récoltait au-delà de 15 à 20 sacs. Autrefois on ne connaissait ici que la pomme de terre dite rouge; mais on crût s'appercevoir que comme ailleurs elle dégénérait de sa vertu productive. La blanche qui semble s'être améliorée, quant au goût, est généralement adoptée, et produit beaucoup plus que l'autre. A ces qualités sont venues se joindre quelques espèces, connues sous le nom de jaunes et de noires; celles-ci sont peu répandues, celles-là, venues depuis quelques années de la Hollande, à ce qu'on dit, se font admirer par leur grosseur et rechercher par leur bonté et par leur étonnante production. Que serait-ce si une bonne culture secondait la reproduction des pommesde terre? Une petite rigole ouverte à trois pouces de profondeur, dans laquelle sont jettés sans ordre et le fumier et une portion du germe, voilà tout le travail auquel on doit des récoltes si abondantes. Il est vrai que la destruction des haies, le renversement des prairies, ont par leur terreau ou par leurs gazons singulièrement favorisé la propagation de ces racines. Il serait à désirer qu'un grand nombre de propriétaires imitâssent l'exemple de quelques-uns, qui ne font leurs pommes de terre que par tranchées, en ayant le soin de relever les terres sur les plantes à mesure de leur croissance et de leur élévation. Cette pratique aurait, sur-tout, l'avantage d'économiser beaucoup d'engrais.

La pomme de terre neutralise en grande partie les effets du manque de récoltes. Quelques années de disette ont rendu sa culture recommandable aux yeux du cultivateur; la crainte du retour de ces temps calamiteux l'a fait considérer comme indispensable. Ceux qui vivent loin des campagnes ne peuvent se pénétrer de toute l'étendue de ce bienfait de la Providence.

Après les pommes de terre, les seules racines cultivées en plein champ, sont les raves blanches, elles ne réussissent que dans un terrain léger, et sont employées sur-tout à la soupe au lait et à des gratins rafraîchissans. Il est peu de racines aussi recherchées que celle-là; on la cultive près des montagnes dans les pays froids.

On ne trouve dans les potagers des campagnes que des légumes ordinaires. (1) Les jardins des personnes aisées rapportent de plus la racine jaune, la scorsonère, les asperges, les artichaux, les cardons, les concombres et quelquefois les melons dans les parties basses du département; mais ces légumes ne sont en général cultivés, par chaque propriétaire, que pour le besoin de son ménage. On a remarqué que les frais de culture absorbent le produit des légumes les plus délicats, vu que le débit n'en est pas assuré.

11.° *Prairies naturelles et artificielles.*

Les prairies naturelles forment dans les Hautes-Alpes trois divisions: les prairies ordinaires, les prés marais et les prés des montagnes. Le fourrage qui provient de ces derniers est le plus succulent, par la raison, sur-tout, qu'il n'est pas ou qu'il est moins arrosé. Celui des prés marais n'est bon que pour la litière, lorsqu'il ne

---

(1) Les communes de la Saulce, Létrêt et le Monêtier-Allemont, cultivent du plant de poireaux, d'oignons, de betteraves dans les limons conquis sur la Durance. Elles en fournissent à tout le département et même à une partie de ceux de l'Isère et des Basses-Alpes; ce qui procure un bénéfice considérable.

donne que de grosses plantes. S'il en donne de menues, on les met à part et les gros moutons les mangent fort bien en hiver : quelquefois même ils s'engraissent avec cette nourriture. Le sain-foin, le trèfle, la chicorée sauvage, le fromental, la vesce, la luzerne, les plantains, les pieds-de-poule, les pimprenelles, etc., sont les principales plantes des prairies ordinaires. Les diverses titymales, le chiendent, les joncs, forment le fond des prés marais. Les prés des montagnes réunissent ces différentes qualités, selon leur situation et la nature du sol, et de plus le thym et le serpolet.

Les prairies artificielles se forment principalement, au moyen de la graine du trèfle, du sain-foin, du fromental, de la luzerne, au milieu desquels croissent une infinité d'autres plantes. Le trèfle demande un terrain un peu frais et exige l'arrosement; le sain-foin au contraire est destiné aux terres arides, et on a l'attention de ne pas l'arroser la première année, sur-tout, pour ne pas déraciner les plantes. Une prairie formée en trèfle va quelquefois à trois ans; on y plante alors la charrue; celle en sain-foin dure de trois à cinq ans, selon qu'elle a bien ou mal réussi.

L'introduction de ces diverses prairies remonte à des temps fort anciens; mais leur étendue s'est accrue prodigieusement depuis moins de cinquante ans. Ce bienfait est dû en grande partie aux nombreux canaux d'irrigation qui ont été construits dans les Hautes-Alpes. Les communes qui n'ont pu se procurer ce grand avantage, ont eu recours au sain-foin, plante précieuse que la nature semble avoir formé tout exprès, pour embellir les terrains arides et enrichir leurs possesseurs. Nous reviendrons sur les améliorations dues à l'accroissement des prairies, à l'article des irrigations.

12.° *Culture de la vigne, des arbres fruitiers.*

La culture de la vigne a éprouvé aussi quelque amélioration dans les Hautes-Alpes, depuis cinquante ans, ce qu'il faut attribuer à la plus grande quantité d'engrais. Les travaux, les procédés pour la taille n'ont pas varié. On n'a pas même l'usage de planter régulièrement dans les lieux plats. Les réparations qu'exige la vigne sont considérables. Placée principalement sur les flancs des rochers, elle est sujette à être dégradée par les averses, et c'est ici où l'on est forcé à des travaux extraordinaires pour remonter la terre vers les sommités. Les vignobles les plus précieux sont situés sur la rive droite de la Durance ; les propriétaires en sont à une distance éloignée, d'où il résulte que les transports de la vendange et des engrais, si l'on y joint le prix des travaux ordinaires et les droits, en absorbent pour ainsi dire le produit. Parmi ces travaux, on remarque celui connu sous le nom de *valadée.* Il consiste à ouvrir entre deux lignes de souches un fossé profond, dans lequel on place de l'engrais, mélangé ordinairement avec de la paille ou du marais grossier; souvent encore on y ajoute des fagots entiers de bois taillis ou de broussailles, des genets, des bruyères, du buis, etc. Cet engrais végétal est très-fécondant pour la vigne, et quand il est mis dans un terrain rongeant, tel que le poudding, les effets ne s'en font pas sentir au-delà de cinq ans, quelque grosseur qu'ait le bois employé de la sorte. La réparation d'une vigne est complette lorsqu'à cette opération on fait succéder celle de la *terraillée*, dont l'objet est d'amener, sur un brancard, porté par deux hommes, de la terre ou des schistes marneux, au pied des souches jusqu'à leur sommet.

La vigne est passablement productive dans les Hautes-Alpes. Mais tout contribue à ruiner cette branche de l'économie rurale. Le vin de Provence, celui même du Piémont, plus gros et moins délicats que celui de ce département, sont plus généralement recherchés par les montagnards, par la raison qu'ils ont plus de couleur, et encore parce que les voituriers ont plus de moyens de les frauder par des vins de basse qualité: de-là peu de débit et peu de produit.

Le

Le vin des côtes de Durance transporté dans les pays froids, y acquiert une qualité qu'on ne soupçonnerait pas. Les étrangers s'étonnent de trouver dans les Hautes-Alpes du vin qui ne le céderait pas à des vins d'une haute réputation. Il ne leur manque que des débouchés pour être plus généralement recherchés.

Le sol du département est parsemé de vignes jusqu'au pied de montagnes élevées, dans une bonne partie des arrondissemens de Gap et d'Embrun; mais les bons cultivateurs font des vœux pour en voir diminuer le nombre, et pour qu'on restitue à la culture des céréales ou des prairies, tous les vignobles qui ne portent pas sur des rochers, d'ailleurs improductifs. Indépendamment du peu de qualité des vins de ces vignobles, on ne peut s'empêcher de gémir sur la consommation prodigieuse de fumier qu'ils occasionnent.

Arbres fruitiers.

La culture des arbres fruitiers s'est singulièrement améliorée depuis dix ou quinze ans. Quelques bons citoyens ont donné l'exemple, et il est peu de nos propriétaires qui ne l'ayent suivi. Le goût des arbres fruitiers paraît avoir dominé à diverses époques dans ces contrées : des restes de vieux vergers en sont la preuve; mais il paraît que depuis cinquante ans, environ, l'habitant sommeillait sur cette culture; encore quelques années, et l'on n'aura que peu de chose à désirer à cet égard. Le propriétaire, indépendamment des arbres fruitiers de belles espèces et de bonne qualité, s'est attaché à planter des noyers au bord de ses propriétés, pour éviter les dégâts que cet arbre accasionne dans l'intérieur des champs. Il a aussi porté tous ses regards sur l'amandier, bien moins préjudiciable et plus productif, lorsque sa récolte réussit. Quelques propriétaires suivent aussi la culture de l'amandier pistache et celle du prunier, dont ils rendent le Parisien même tributaire, en préparant les prunes à la façon de celles de Brignoles (1).

15.° *Fabrication du vin et de la bierre* (2).

On ne connaît pour les boissons que ces deux sortes de fabrications dans les Hautes-Alpes.

---

(1) Le département de Vaucluse et la ville de Marseille, reçoivent l'excédant de nos virgouleuses et de nos reinettes; les huiles de noix et les amandes passent également dans le commerce, ce qui, dans les années favorables, rapporte des profits assez considérables, inconnus en partie, il y a un demi-siècle; tout annonce qu'avant dix ans ces bénéfices auront décuplé.

(2) La quantité de vin qui se perçoit dans les Hautes-Alpes rend pour ainsi dire superflue la fabrication

Celle de la bierre est restreinte à une seule manufacture. Celle de l'eau-de-vie y est à peu près inconnue, parce que nos vins ne sont pas suffisamment spiritueux.

La fabrication du vin y est livrée à une éternelle routine, malgré les écrits de la Société d'Agriculture. Il est vrai que ces écrits ont reproduit des pratiques et des opérations trop dispendieuses, proposées à Paris par de savans œnologistes; mais si la raison ou le défaut de moyens commandaient de ne pas chercher à donner à nos vins le *mucoso sucré* que leur refusait la nature, fallait-il du moins s'arrêter aux sages préceptes indiqués pour épier les degrés de la fermentation, par conséquent le moment de la décuvaison, et pour soigner les vins dans les futailles. Tout, pour ainsi dire, est livré au hasard, dans l'économie des vins. La vendange se ramasse sans choix: dix ou quinze jours suffisent à peine quelquefois pour

---

de la bierre. Deux fabriques depuis moins de dix ans s'étaient élevées simultanément. L'une d'elles est tombée, l'autre chancelle: quelques bourgeois boivent de la bierre par fantaisie; la masse du peuple, qui seule détermine les grandes consommations, préfère le vin à une boisson à laquelle il repugne par goût et par intérêt, le vin étant constamment à meilleur compte.

remplir les cuves. On provoque ou on arrête inconsidérément la fermentation ; c'est après un certain nombre de jours qu'on décuve le vin, sans égard au plus ou au moins de maturité de la vendange : les tonneaux remplis, on ne le transvase pas ; on le colle encore moins, et il reste ainsi sur le sédiment jusqu'au moment de la vente ou de la fin de sa consommation dans le ménage : si toutefois les chaleurs du mois d'août, les pluies et les tonnerres de l'été, en le faisant tourner, n'ont pas puni le propriétaire de son incurie. Ce que nous venons de dire s'applique au grand nombre. Ici comme ailleurs, on trouve quelques hommes éclairés qui ont su s'affranchir des règles d'une routine bizarre et ruineuse.

14.° *Semis, pépinières et plantations d'arbres forestiers et étrangers.*

Le département des Hautes-Alpes était tributaire des départemens du Rhône, de l'Isère et du Montblanc, pour les arbres fruitiers et forestiers, lorsque l'administration centrale pressentant le goût de ses concitoyens, pour les plantations, créa, en l'an trois, une pépinière départementale. Il était réservé à M. Ladoucette, préfet, de la rétablir sur des bases plus étendues. Plus de dix mille sujets en ont été tirés pour les besoins des campagnes : les nombreuses demandes qui sont faites, annoncent un débit qui deviendra de plus en plus considérable.

Les lois sur les plantations des grandes routes et des chemins vicinaux, ont fait sentir le besoin de procurer des arbres fruitiers aux administrés. Comment exiger d'eux, en effet, l'acomplissement de ces lois lorsqu'ils étaient dans l'impuissance de se procurer des arbres? Un vaste terrain a été consacré à leur culture, à Gap, chef-lieu des Hautes-Alpes, et tout fait espérer qu'en moins de cinq ou six ans quarante mille sujets seront disponibles (1).

A l'article vers à soie, nous avons indiqué quelques pépinières communales qui vont se réunir à la pépinière départementale, pour perpétuer le mûrier blanc dans ces contrées. Le goût de planter des arbres devait entraîner nécessairement, chez

(1) Les arbres cultivés dans les pépinières départementales, sont les poiriers, les pommiers, les fruits à noyeau des plus belles espèces, sur-tout, le noyer et l'amandier, les mûriers rouge et blanc; quant aux arbres forestiers on y trouve le tilleul, le marronnier, l'érable, le faux-sycomore, l'érable à sucre, le platane, l'ormeau, le frêne, le faux-accacia, et quelques bignonia catalpa. On y cultive aussi des arbrisseaux, parmi lesquels figurent l'ébénier et le cytise des Alpes.

les particuliers, celui de former des pépinières ; c'est ce qui est arrivé : en créant un verger, le propriétaire a voulu se donner les moyens de remplacer les arbres qui viendraient à manquer, et l'on voit avec plaisir que ces petits établissemens ont eu un succès avantageux (1).

L'habitant des Hautes-Alpes donne peu au hasard dans les spéculations agricoles. La culture des arbres étrangers lui offre trop de chances défavorables, pour qu'il songe à y consacrer des dépenses que réclament ailleurs d'autres soins. Ce n'est pas à dire que quelque propriétaire aisé ne s'adonne avec plaisir à la culture des arbres ou arbustes rares ; mais comme ceci n'a eu aucune influence sur les améliorations, nous n'en parlerons pas.

Le semis est le principal moyen du rétablissement de nos bois ; la nature qui créa les forêts, environna de difficultés l'imitation de ses œuvres. Dans l'état de dégradation où sont les terrains en pente, jadis en possession, ou de bois de futaye, ou de bois taillis, comment exécuter des semis à propos ? Est-il bien facile de les préserver de l'invasion

---

(1) Ceci est indépendant des pépinières de MM. Serres, à la Roche ; Thiers, à Veynes ; Abel d'Antonaves, lesquelles renferment environ 6000 sujets ensemble, qui passent dans le commerce.

du bétail? Faut-il pour éviter ces inconvéniens clorre le terrain avec des haies mortes ou vives? Mais alors il en résulte une dépense effrayante pour le propriétaire! Voilà quelques-uns des obstacles qui sont en opposition avec l'intérêt le plus cher de cette contrée. L'agence forestière, les communes mêmes pourraient entreprendre ces sortes de travaux avec succès : dans le dénument absolu de ressources pécuniaires, les uns et les autres n'ont pu se livrer jusqu'à ce jour qu'à des essais (1). L'avenir nous présentera pour les plantations et pour les semis des résultats plus satisfaisans : nul pays ne laisse autant à espérer à ce sujet; et si jamais les côteaux susceptibles d'être semés, sont de nouveau convertis en bois, et si les terrains conquis, ou à conquérir le long des rivières, sont bordés ou complantés d'arbres forestiers, cette contrée prendra une place distinguée parmi les départemens agricoles, par les grands résultats qu'auront ces opérations sur le sol en général, et par suite sur les produits territoriaux.

---

(1) On compte 95 arpens de terre sur lesquels, depuis six ans, des particuliers et les agens forestiers ont opéré des semis. Ces derniers ont fait planter en outre 14,000 plançons de saules ou peupliers le long des rivières.

15.° *Culture des plantes oléagineuses, tinctoriales, textiles, médicinales.*

La culture des plantes oléagineuses était à peu près inconnue il y a un demi-siècle; elle se borne aujourd'hui à la navette, et encore ce n'est que dans le Champsaur et le Briançonnais où l'on supplée par ce moyen, en partie, à l'huile de noix. L'huile qu'on en retire ne sert qu'à la lampe. Son produit n'excède pas deux mille francs. On ne cultive point les plantes tinctoriales : on ramasse dans les bois celles que la nature y fait naître, et depuis quelques mois seulement on fait usage du fustet, soit pour la teinture, soit pour remplacer le sumac, dans la fabrication des peaux (1). Il en de même des plantes médicinales, et à part quelque pharmacien, on ne connaît pas d'habitant qui se livre particulièrement à ce genre de culture.

(*1*) Le fustet est assez abondant dans les communes méridionales du département. Sur l'éveil donné par l'administration, dans l'un des derniers N.os de la Société, plusieurs marchés avantageux ont été présentés à M. le Préfet, qui s'est empressé de les approuver. Les communes ne se doutaient pas d'avoir dans leurs montagnes une ressource, qui probablement sera fort avantageuse à plusieurs d'entr'elles.

Parmi les plantes textiles qui se cultivent assez abondamment dans les Hautes-Alpes, nous remarquons le chanvre. Il est peu d'habitation rurale qui n'ait sa chenevière, excepté dans le Champsaur, le Briançonnais et le haut Embrunais, où cette culture est quelquefois remplacée par celle du lin. Le chanvre n'est pas de qualité à faire des toiles fines ; mais il sert fort bien pour les toiles de ménage, et les parties trop grossières sont employées utilement par les cordiers et pour les besoins de la marine. Les contrées du département où le chanvre est cultivé en grand et avec plus de succès, sous le rapport de la quantité des produits et de la qualité, sont la vallée retrécie du Valgodemar, dont le territoire arrosé par des eaux douces, et à l'abri des vents du nord, se prête d'avantage à la culture de cette plante, et en outre le joli bassin de Trescleoux.

Il n'est pas douteux qu'il n'y ait eu depuis cinquante ans une amélioration sensible dans les produits du chanvre : nous en trouvons encore la cause dans l'augmentation des engrais. Les chenevières en exigent beaucoup : plusieurs propriétaires pensent que tout bien considéré, le fumier qu'on y employe surpasse la valeur du produit, et que par là l'établissement d'une chenevière nuit au reste de la propriété. Quoiqu'il en soit le cultivateur en général spécule autrement. En cultivant le chanvre, il a sous la main le moyen d'entretenir son linge : s'il se reposait sur l'espoir d'en acheter, souvent il manquerait d'argent, et ce serait un grand mal pour le ménage.

Nul semis n'est fait avec autant de soins que celui du chanvre. Le cultivateur y épuise tout son art. Avant l'hiver il bêche sa chenevière ; au printemps il la fume abondamment, et la laboure plusieurs fois ; après le semis il brise les mottes et en émiette la terre, bien mieux que dans son jardin : souvent le défaut de pluies du printemps rend tous ces soins inutiles. Nous estimons que la culture du chanvre s'est accrue au moins d'un sixième depuis un demi-siècle.

Quant à celle du lin, bornée, comme nous l'avons dit au Briançonnais et au Champsaur, ses produits sont modiques. Sa graine comme celle de navette est employée pour l'huile de la lampe. Les fils que donne la plante y remplacent en partie le chanvre.

Les essais faits sur le coton, dans les communes, dont la température se rapproche le plus des départemens méridionaux, ont manqué, en 1808 et 1809, par l'effet des gelées précoces. Les plantes étaient venues en floraison ; on va semer au printemps les nouvelles graines annoncées par Son Excellence le Ministre de l'Intérieur.

16.° *Desséchemens, canaux d'irrigation, digues, greniers d'abondance, chemins ruraux.*

Desséchemens.

Plusieurs projets de desséchemens ont été formés dans les Hautes-Alpes ; celui du marais de Chorges a été seul exécuté en partie. Sa contenance est de 35 hectares. Cette opération aura un jour les plus heureux résultats pour la prospérité de ce bourg, capitale de ces contrées sous les Romains. Déjà il en retire quelque avantage, relativement à la salubrité et aux belles plantations qu'on y a faites. On n'aura rien à désirer lorsque cette propriété communale aura passée dans les mains des particuliers, moyennant une redevance annuelle (1).

Quelques autres marais seraient susceptibles de desséchement, mais dans cette opération on ne doit céder qu'à l'impérieuse nécessité de rendre le climat plus salubre. C'est dans les prés

---

(1) Attendre d'un fermier ou de la commune en corps, les travaux nécessaires à la mise en culture de ce marais, c'est se reposer sur une espérance chimérique. L'amour de la propriété enfante seul des prodiges en agriculture. L'homme travaille à regret quand il sait que ses enfans ou ses proches, ne recueilleront pas le fruit de ses sueurs.

marais qu'on trouve une masse énorme de fourrages et de plantes propres aux engrais, récolte d'autant plus précieuse qu'elle ne coûte que les frais de coupe et de transport. Par cette raison le prix d'un pré marais est toujours au-dessus des autres propriétés. La suppression de ces prairies porterait un coup funeste à l'agriculture : leur éloignement des hameaux rassure d'ailleurs sur les craintes des exhalaisons putrides qu'elles pourraient occasionner.

Sans la raison de salubrité on ne voit pas la nécessité de livrer à la culture ordinaire des terrains très-productifs par leur nature, tandis que le défaut de bras (1) oblige de laisser en

---

(1) Dans les vallées étroites du Briançonnais, du haut Embrunais, du Valgodemar, la population resserrée est plus que suffisante pour tout le territoire mis en culture ; mais on s'étonne d'y voir, souvent au milieu des rochers et des précipices, des champs qui n'ont que quelques mètres d'étendue, et d'y trouver le prix de la propriété élevé à un point extraordinaire, comparativement au reste du département. La population au contraire n'est, dans les autres parties, nullement en rapport avec le territoire cultivable. Les propriétés y sont bien moins morcellées, et la grande étendue des fermes oppose un obstacle invincible à l'agriculture, par l'impossibilité de trouver des métayers assez forts en bras, pous obtenir d'eux une bonne exploitation.

friche des landes considérables et susceptibles de plus de rapport, et qui exigeraient bien moins de travaux pour leur mise en valeur.

Canaux d'irrigation.

L'art des irrigations consiste principalement dans les Hautes-Alpes, à dériver les eaux du fond des vallées, et à les amener, par le niveau, sur le terrain qu'on destine à l'arrosement. Ce travail est peu de chose, quand le canal ne doit parcourir qu'un sol plat et uni ; hors de cette circonstance, qui s'offre bien rarement, il n'est pas en agriculture d'opération plus difficile, plus dispendieuse : mais quoiqu'il en coûte, il n'en est pas de plus lucrative lorsqu'elle réussit.

Pour se former une idée de ces difficultés on n'a qu'à méditer un instant sur ce que nous avons dit de la profondeur et de l'excavation des torrens, de la nature des rochers et des schistes qui les bordent, de la dureté ou de la friabilité des pouddings ou des argiles qui sont la base de la plupart de nos terres. Souvent quatorze kilomètres d'étendue ne suffisent pas pour obtenir les pentes nécessaires. Dans ce trajet que de ravins à passer ! et alors des ponts-aqueducs portent les eaux ; que de rochers à percer ! et alors le jeu des mines devient indispensable ; que d'argiles à traverser, infiltrées par des sources !

et alors des murs de soutènement en supportent le poids; que de rocailles ou de débris de montagnes dont il faut fermer les interstices! et alors quels transports de terre, mêlée avec des feuilles de hêtre, (1) ne faut-il pas effectuer? Heureux encore les intéressés, si malgré tant

(1) M. Desherbeys avait fixé ses idées sur la manière de franchir les mauvais pas que devait traverser son canal. Un seul lui présentait une difficulté insurmontable. C'était un trajet d'environ cent mètres, entièrement recouvert, à une profondeur et à une élévation considérables, de blocs et de rocailles détachés d'une montagne. Quel moyen imaginer pour empêcher l'infiltration des eaux dans un si long espace, dont la mobilité ne présentait pas même la possibilité de la construction d'un mur? Un paysan le lui indiqua, en lui montrant ce qu'il avait exécuté sur un petit canal, large de quelques centimètres. Ce moyen consista à placer les rocailles de manière à former le creux du canal, à y apporter un peu de terre pour en fermer les premiers interstices, à placer dessus une couche de feuilles de hêtre desséchées, et que l'on dit incorruptibles, à y faire passer lentement les premières eaux pour y déposer du limon, à remettre ensuite une autre couche de feuilles, et puis encore du limon. Le succès couronna l'œuvre: l'eau est parfaitement contenue, et nulle partie du canal n'exige moins de réparations que celle-là. Nous avons cru qu'il n'était pas inutile de faire connaître un procédé si simple qui, en pareille circonstance, ne viendrait peut-être pas dans l'idée de l'homme le plus instruit.

de précautions, les flancs des rochers ou des collines, pénétrés par les eaux, n'entraînent en s'écroulant au fond des vallées, et leurs travaux et leurs espérances. L'observateur qui parcourt ces contrées admire avec raison ces ouvrages, suspendus aux rochers à des élévations considérables ; arrivé dans les campagnes vivifiées par ces artères artificielles, il rend hommage à l'industrie de l'habitant.

Cependant ces obstacles ne sont pas les plus difficiles à vaincre : l'égoïsme en a enfanté de plus redoutables encore. Se couvrant du voile de la propriété, il refusait à l'agriculture les eaux qui ne coulaient dans les creux des torrens que pour accroître leurs ravages ; il défendait de traverser des territoires ; il s'opposait au cours des travaux, et ses ruses et ses fureurs n'ont eu quelquefois leur terme que dans la ruine consommée des propriétaires (1).

---

(1) Ceci se rapporte principalement à l'ancienne législation. La législation actuelle, expliquée récemment par Son Excellence le Ministre de l'intérieur, confère aux administrations le droit de connaîtrre de ces entreprises. Elles prononcent sur ce qui intéresse le cours des eaux ; elles ordonnent, sans frais quelconques, la confection des travaux et le paiement des indemnités. Enfin elles font la répartition des dépenses. Par ce moyen ces combats judiciaires, qui devenaient la terreur des paisibles habitans des campagnes, se trouvent écartés sans retour, et ce bienfait est inapréçiable.

Les avantages de l'irrigation sont immenses : ils frappent tous les yeux ; trop souvent une fatale parcimonie cherche à les dissimuler. Que d'entreprises de ce genre ont échoué par les manœuvres secrètes d'un vil intérêt ou par les pratiques d'une basse intrigue ! Les hommes estimables qui se dévouent par-là au bien de leur pays, doivent s'attendre aux bénédictions de la postérité ; mais rarement ils peuvent compter sur la reconnaissance de leurs contemporains (1).

Dans l'impossibilité où nous sommes de donner ici des détails circonstanciés sur les améliorations obtenues dans les Hautes-Alpes, depuis un demi-siècle, par la construction des divers canaux d'arrosage, nous nous bornons à renvoyer au tableau joint à la fin de ce mémoire. Cependant

(1) Nous nous plaisons, pour la satisfaction de ces hommes utiles, à répéter le fait suivant : M. de Saint-Tropés, évêque de Sisteron, à qui cette commune doit un accroissement prodigieux de revenus par la construction du canal de Sasse, à laquelle il présida, répondait aux murmures et aux malédictions dont on l'accablait pendant le cours des travaux, à cause de la gêne momentanée qu'on éprouvait : *les pères me maudissent ; mais les enfans me béniront.* Cette prédiction s'est parfaitement accomplie. Rien n'est plus productif ni plus joli que cette partie de territoire, si inculte et si désagréable, il y a environ 25 ans.

pour

pour qu'on puisse sentir toute l'importance de ces améliorations, nous croyons utile d'attirer les régards de la Société mère sur celui de ces canaux, qui a obtenu à son auteur des marques éclatantes de sa satisfaction: nous voulons parler du canal Desherbeys (1). En comparant les produits anciens de la contrée qu'il arrose avec les produits nouveaux, elle pourra se former une idée générale des bénéfices que procurent ces sortes d'entreprises, et alors elle invoquera en leur faveur les secours et la protection du Gouvernement.

En 1772, le plateau d'Aubessagne, situé à l'extrémité occidentale de la vallée du Valgodemar, offrait l'aspect d'une aridité repoussante: nul arbre n'ombrageait le terrain; à peine quelques légères sources permettaient à l'habitant de se désaltérer. M. Desherbeys paraît, sans moyens pécuniaires, mais avec du crédit et de la réputation. Il conçoit le projet de dériver les eaux de la Severaisse: ses voisins y applaudissent; mais ils y renoncent au moment de l'exécution. Livré à une sorte d'isolément, capable d'effrayer une ame vulgaire, l'auteur du projet fait tête à

(2) La Société de la Seine a acquitté la dette de la reconnaissance publique, en décernant à Monsieur Desherbeys une médaille d'or.

l'orage, et deux ans après, les eaux parvenues d'abord dans ses propriétés, débouchent par six martelières dans les communes de Saint-Jacques et d'Aubessagne.

Ce canal a 28,000 mètres de longueur; il traverse des lieux effrayans par leur aspérité; sa largeur est de cinq mètres sur deux de profondeur. Sa berge inférieure est soutenue par des terrassemens considérables, couverts d'arbres, et par de gros murs, sur une longueur de plus de six cents mêtres. Des voûtes pratiquées en forme de ponts-aqueducs, au confluant des torrens qui se précipitent du haut des montagnes, leur donnent une issue au-dessous du canal.

Les dépenses des premières années s'élevèrent à 75,000 francs, mais les travaux ne purent être complettés. Chaque année on ajoute à leur perfection.

Le canal Desherbeys arrose 1800 sétérées de terre, (307 hectares 16 ares,) ses effets ont été prodigieux: chaque année les moissons et les fourrages surpassent les espérances du laboureur. Il n'est pas un mètrre de terre en repos.

Avant le canal, chaque sétérée (16 ares 76 mètres,) se vendait environ 40 francs. (1) L'année

---

(1) Dans les communes voisines, non arrosées, elle est encore au même prix, à peu de chose près.

qui suivit celle de l'irrigation, elle fut portée à 300 francs. Aujourd'hui le prix courant et moyen est de 800 francs.

Les dix-huit cents sétérées, avant le canal, avaient donc une valeur capitale de.. 72,000 f. » c.

Cette valeur est actuellement de... 1,440,000. »

Différence, un million trois cent soixante-huit mille francs, ci.... 1,368,000. »

Quant aux bénéfices annuels, comment les calculer, puisqu'ils se composent non-seulement de productions territoriales, mais encore de profits journaliers d'industrie, ce qui les multiplie considérablement ? Nous nous contenterons d'observer qu'avant le canal les soixante-douze mille francs, valeur capitale, employés en acquisitions de terres, dans la commune d'Aubessagne, auraient à peine rapporté le 2 ½ pour cent de revenu, ce qui aurait donné ci.... ..... 1,800 f. » c.

Tandis que les 1,440,000 francs seulement sur le pied de cinq pour cent, donnent.................. 72,000. »

Différence en revenus......... 70,200. »

L'agriculture offre donc aussi des mines bien riches à exploiter ! Une mise de fonds quelconque, employée à l'entreprise la plus avantageuse, eût rapporté, sans doute, moins de bénéfices proportionnellement que l'entreprise de M. Desherbeys !

Les contrées voisines ne purent rester indifférentes à de si beaux résultats. Celles des Costes et d'Aubessagne (1), après avoir plaidé pendant vingt-cinq ans, contre une commune rivale, viennent enfin, à l'aide de l'administration et sous ses auspices, de se procurer un canal qui ne le cède en rien à celui Desherbeys.

Pourquoi faut-il que nous ayons à rappeller ici l'abandon et les suites déplorables de l'entreprise du superbe canal de Saint-Bonnet, dont l'exemple a eu des suites si fâcheuses ? (2)

Sur la rive gauche du Drac, six communes avaient conduit jusqu'au tiers de son cours un canal qui ne promettait pas moins d'avantages ;

---

(1) Le canal Desherbeys n'arrosait point le revers méridional de la commune d'Aubessagne.

(2) L'exécution de ce canal n'avait rien de difficile. On prenait l'eau au Drac, dont les sources sont inépuisables. Le terrain à arroser était immense ; une partie des indemnités était payée, l'ouvrage parfaitement commencé : tout à coup le génie du mal souffle l'esprit de discorde : trente procès s'élèvent à la fois ; ils sont alimentés par les fonds destinés au canal. On y consomme plus de 120,000 francs : la ruine des motteurs de l'entreprise en est la suite, et les autres propriétaires ont vu engloutir des capitaux qu'ils croyaient devoir centupler la valeur de leurs héritages.

la frayeur inspirée par les débats survenus à Saint-Bonnet, fit suspendre les travaux : les dissidens s'en réjouirent; il n'a plus été possible de les reprendre.

Ces exemples et plusieurs autres que nous pourrions citer (1), prouvent que tous les bénéfices que les Hautes-Alpes retireront un jour de l'ouverture des canaux d'irrigation, ne sont pas encore obtenus. Combien de territoires desséchés et improductifs qui n'attendent que des eaux fécondantes (2) pour figurer au rang des contrées

---

(1) A Gap, centre des Hautes-Alpes ; à Gap, dont le bassin serait si riche, si florissant s'il était arrosé, des propriétaires dévoués au bien de leur pays, s'étaient livrés, à l'aide d'un encouragement de 100,000 francs offert par le trésor, à l'espoir d'amener les eaux du Drac d'Orcières. Le projet était environné de grandes difficultés ; peut-être même était-il impraticable sous le rapport de la dépense. Ils demandèrent qu'il fût murement réfléchi, les lieux attentivement examinés, et les frais rigoureusement calculés : leur voix fut étouffée comme si l'on pouvait craindre d'acquérir une démonstration parfaite sur des points si importans !

(2) Toutes les eaux n'offrent pas le même degré de bonté. Celles qu'on emploie non loin de leurs sources ou des glaciers qui les produisent, conservent une sorte de crudité funeste au développement des plantes. D'autres roulant sur des schistes noirâtres, se chargent d'un limon fangeux, qui laisse dans les prairies un dépôt non

les plus fertiles? Gémissons sur l'impuissance momentannée de l'administration pour seconder de si belles entreprises, autrement que par des exhortations et par sa surveillance ordinaire, et sur le défaut d'avances de la part du cultivateur.

Oh! quel beau jour, pour la France, que celui où le vainqueur de l'Europe, environné des trophées de la victoire, reposera dans la paix ses regards sur les tous besoins de l'agriculture! Alors les liens qui enchaînent l'essor du propriétaire, les entraves qui le subjuguent, seront brisés (1), et cette partie des triomphes du héros ne sera pas moins

---

moins nuisible. On évite ces inconvéniens en amenant de loin les cours d'eaux, ou bien en les retenant dans des écluses Là elles se déchargent du limon qui dénature leur qualité, et elles s'impreignent d'émanations athmosphériques, qui les rendent plus fécondantes.

(1) Un acte du Gouvernement qui consacrerait une caisse de prêts, ou plutôt un fonds commun, en faveur des grands travaux que réclame l'agriculture, porterait la vie dans presque tous les départemens. Les Français sont solidaires de la sûreté et de la gloire de l'Empire; pourquoi ne le seraient-ils pas de sa prospérité? Il n'est ici aucune entreprise de canaux d'irrigation, dont le produit de quelques années n'équivalût au montant des avances ou des dégrévemens, à qu'elle somme qu'ils pussent s'élever. Les agens du Gouvernement dresseraient les projets et en suivraient l'exécution pour sa garantie, et rien ne serait donné au hasard.

que les autres, inscrite au temple de mémoire.

Les eaux ainsi conduites à travers mille obstacles sont mises à profit pour tous les besoins de l'agriculture. Souvent les champs en réclament l'usage comme les prairies. On s'en sert pour préparer les terres à recevoir les semences, pour faire lever celles-ci, pour arrêter les progrès de la sécheresse ; mais cette opération n'a lieu que dans les terres légères. Rarement le sol argileux a besoin d'un tel secours. (1)

Dans les lieux où les canaux donnent de l'eau en abondance, on se dispense d'en faire surveiller la distribution; il n'en est pas de même lorsque le volume n'en est pas proportionné au terrain susceptible d'irrigation : alors des prayers ou gardes canaux sont préposés pour en répartir le bienfait à chaque propriétaire, d'après les régle-

---

L'État ainsi que les propriétaires y trouveraient un avantage incalculable, l'un par l'accroissement des contributions, les autres par l'amélioration de leurs revenus territoriaux.

(1) Le cultivateur a en général des notions assez justes sur ce qu'exige la diversité du sol. Il sait fort bien que les terres légères ou siliceuses peuvent être labourées utilement avec de la fraîcheur, et qu'il vaut mieux se reposer que d'y planter la charrue en temps de sécheresse, ce qu'il appelle *y mettre le feu*. Par opposition, il cultive volontiers les terrains aluminenx, lors même qu'ils sont privés de toute humidité.

mens locaux (1). L'eau arrivée dans la prairie, celui-ci est chargé d'y suivre l'opération de l'arrosement. (2)

Digues.

L'art de contenir les torrens par des digues est placé dans les Hautes-Alpes au même degré d'utilité que l'art des irrigations. Celui-ci améliore le sol, celui-là en accroît l'étendue et le protège. L'un embellit les lieux les plus sauvages, l'autre donne une nouvelle vie à des plages désertes, dont l'aspect jette l'ame dans une sorte de consternation.

Des limons et des graviers ont succédé à des parties du territoire le plus précieux des Alpes. Leur étendue est considérable sur les bords des grandes rivières ou des gros torrens. Quant on peut les rendre à la culture, leur bonne qualité sert

---

(1) Voir un modèle de ces sortes de réglemens dans le journal de la Société d'Emulation, N.° 1.er de la 4.e année, page 3.

(2) L'arrosement ne se fait pas toujours avec intelligence. Si l'eau court avec trop de rapidité et en trop fort volume dans la prairie, elle entraîne l'engrais le plus substanciel. D'autres fois la stagnation des eaux y porte un grand préjudice en étouffant les jeunes plantes.

de dédommagement, mais on ne doit y hasarder aucun travail que lorsque de fortes digues les mettent à l'abri des irruptions des eaux.

Les digues les plus anciennes ne datent pas de cinquante ans. Secondés par des secours proportionnés aux travaux, (1) les communes et les particuliers essayèrent de superbes conquêtes sur les principaux torrens, et la plupart ne doivent leur aisance ou leur prospérité qu'à ces entreprises conservatrices.

En se reportant à un demi-siècle, l'imagination s'effraye de l'aspect qu'offrait le département au fond des vallées ravagées par les torrens. Ne trouvant point d'obstacles dans les plaines, ils ensevelissaient les couches, qu'ils n'emportaient pas, sous les couches nouvelles roulées du haut des montagnes, et bientôt ces débris, eux-mêmes, continuellement lavés par les eaux, n'offraient plus que des amas de limons, de sables ou de pierres. Ce n'est pas que des espaces étendus n'attestent encore toute l'horreur de ces ravages : mais du moins dans les diverses vallées du département, l'œil se repose avec plaisir sur quelques portions considérables où la richesse des produits fait oublier un instant la stérilité des autres.

---

(1) Messieurs les intendans accordaient le tiers de la dépense et quelquefois la moitié.

La construction des digues exige, de la part des hommes de l'art, des connaissances pratiques très-étendues, et sur-tout une longue expérience. Un séjour prolongé dans les pays de montagnes peut seul donner l'idée de la force et de l'impétuosité des torrens, (1) les travaux doivent varier selon leur degré de vîtesse, et selon qu'ils sont plus ou moins chargés de graviers et de pierres.

Les digues construites en perré et en blocs, deviennent souvent inutiles contre ces torrens. Une seule crue suffit pour combler tout le lit à une hauteur considérable, et alors la digue ensevelie n'oppose plus d'obstacle à ses ravages. (2)

---

(1) En voici un exemple. M. Gayan, célébre ingénieur, faisait construire, en 1782, le pont de Benon, sur la route de Paris à Marseille ; il était au milieu des graviers lorsqu'un orage éclate sur la montagne qui domine le torrent, sans qu'il tombe une goûte d'eau dans la plaine : tout-à-coup il entend un bruit extraordinaire qui va en se renforçant : les ouvriers l'engagent à s'éloigner. Qu'elle fut sa surprise? Ces blocs énormes qu'il venait de cuber sont ébranlés ; ils roulent au loin comme par enchantement sur les bords des graviers. Qu'elle était donc la force capable de soulever de pareilles masses? La pression de l'air occasionnée par celle des eaux qui, un instant après, passèrent sous les yeux de l'ingénieur, avec un fracas épouvantable. Ce phénomène est assez commun dans les Alpes.

(2) Le seul moyen de prévenir cet inconvénient consiste à faire repurger de temps en temps le canal du

Il n'en est pas de même auprès des grandes rivières ; celles-ci ne charrient que des limons et des petits graviers, et alors des digues en pierre et quelquefois à chaux et à sable sont nécessaires pour résister à la rapidité des courans et pour s'opposer à l'élévation des eaux. (1)

Il est des contrées où des carrières ne fournissent pas les matériaux nécessaires aux digues ; alors on met à contribution les forêts. On enfonce des pieux au mouton, on dresse des sortes de chevalets ; on remplit les intervales de pierres

---

torrent, dans une largeur moyenne, afin que les eaux, non disséminées, conservent une force suffisante pour entraîner les graviers et les pierres. On complette cette opération en faisant, autant que possible, des alignemens pour que l'eau ne suive qu'une ligne droite et qu'elle ne frappe pas tour-à-tour sur des angles saillans et des angles rentrans, qui ne se forment qu'aux dépens des propriétés voisines.

(1) Ces digues sont formées d'abord d'un perré ou mur à pierres sèches, dont l'inclinaison ordinaire est de 45 degrés. Au-devant et pour empêcher les affouillemens et le renversement du perré, on place une jettée de gros blocs, liés entr'eux par le rapprochement de leurs parties creuses et saillantes, en forme de trapèze ; le couronnement de la digue présente une chaussée d'une largeur moyenne de 2 à 3 mètres, sur le talus extérieur de laquelle on plante des arbres. Le prix commun d'un mètre de digue est de 50 à 60 francs. Ce prix varie en raison de la distance des carrières.

roulées faute d'autres. Ces moyens de défense ne sont employés qu'à regret et sont d'un entretien fort dispendieux.

Les digues avec du plant vif sont les meilleures à opposer aux rivières ou torrens ordinaires. Les racines par leur entrelacement les rendent d'une solidité à toute épreuve, lorsqu'elles ont acquis une certaine grosseur. Les branches des osiers, celles de l'aulne, du saule, du peuplier, au milieu desquelles les eaux se jouent, rompent le flot et neutralisent son impétuosité. Ces travaux sont moins sujets que les autres à périr par les affouillemens, mais on peut prévenir cet accident par une jettée en avant de la digue (1).

---

(1) Pour prévenir les affouillemens d'une digue en pierre on a imaginé de placer à son extrémité inférieure, à travers de la rivière de la Luye, un barrage solide, en forme de pavé en dos-d'âne, soutenu intérieurement par de bons pieux, avec la précaution de ne l'élever qu'au niveau de la moitié de la hauteur de la jettée et à celui du courant des eaux, pour éviter les creusemens qu'aurait occasionné leur chûte. Par ce moyen quelque volume et quelque impétuosité qu'elles acquièrent, elles sont presque toujours dormantes dans cette partie. Il est fâcheux que cette opération soit peut-être impraticable sur nos grandes rivières. Elle mérite de fixer l'attention des gens de l'art, par les résultats importans que son succès entraînerait, puisque la plupart des digues ne se détruisent que par les affouillemens.

Au surplus, les travaux les plus solides, à quelque genre qu'ils appartiennent, résistent rarement, si celui qui les dirige n'a pas l'attention d'éviter de les placer en trop forte opposition avec le cours des torrens. Une défense quelconque doit toujours être parallelle aux eaux: c'est le seul moyen de les vaincre. Ainsi que les passions des hommes, on les flatte pour les subjuguer, et il est souvent à propos de n'opposer à leurs déviations que des résistances obliques (1).

Ce n'est pas assez de garantir les propriétés

---

(1) M. Chabord, ingénieur en chef des ponts et chaussées, dont le zèle éclairé seconde avec le plus grand succès les vues de l'administration, a fait exécuter, depuis la rédaction de ce mémoire, un moyen de défense contre les torrens, inconnu à cette contrée. Ce moyen consiste en une digue placée à angle droit ou perpendiculairement, sur le cours de la rivière, et appuyée sur la rive à protéger; sa direction se porte sur la rive opposée, et ne laisse entre la digue et cette dernière rive que l'espace nécessaire pour le passage du torrent. Par-là les graviers s'amoncèlant tout le long de la digue, les eaux sont précipitées nécessairement vers le lit destiné à les recevoir. La solidité de ces ouvrages, ainsi exécutés, paraît à toute épreuve. Elle résulte de l'attention qu'à l'ingénieur, de terminer l'extrêmité de la digue du côté des eaux, par un retour en forme de spirale, qui la fortifie et qui aide à l'écoulement du torrent; en avant de ce retour il place une forte jettée pour résister au choc des eaux et pour assurer leur direction. Si comme tout l'indique jusqu'à présent, le

et de fixer des limites aux torrens. Il faut ensuite mettre en culture les terrains conquis sur leurs rives. Si les eaux coulent dans un lit plus bas que les graviers à féconder (1), alors cette opération est fort dispendieuse et le travail est prodigieux. Il consiste à les défoncer à une profondeur considérable; on rejette ensuite les pierres sur les digues, et ce n'est qu'à la suite de ces travaux préliminaires qu'on peut commencer à mettre ces terrains en culture. Lorsque au contraire les eaux qui coulent en avant de la digue ont quelque élévation, on les dirige pendant les fortes crues à travers des martelières pratiquées aux digues; on en inonde les graviers jusqu'à ce qu'ils soient recouverts d'une couche de limon assez profonde, pour qu'on soit dispensé

---

temps consacre la solidité de ces travaux, cette manière d'opérer sera d'un prix infini pour cette contrée. Quelques digues ainsi placées par échellon sur le cours d'une rivière, dispenseraient d'en établir sur toute sa longueur, dans les endroits, sur-tout, où des rochers situés sur l'autre rive, ne laisseraient pas craindre les dégâts, et les empiétemens que cette nouvelle méthode pourrait occasionner aux territoires opposés.

(1) Heureux les propriétaires qui, au lieu de graviers ont de profondes couches de limons à mettre en culture! La jouissance alors est anticipée de plusieurs années et les dépenses sont bien moins considérables.

d'enlever les pierres. C'est ainsi, pour ne citer qu'un exemple, qu'à la Saulce on trouve un superbe territoire gagné sur la Durance, devenu le jardin du département par ses beaux vergers et par ses belles productions en tout genre. Ce local, il y a vingt-cinq ans, offrait l'image de la destruction (1).

Greniers d'abondance ou de réserve.

Tout ce qui tient au soulagement du cultivateur intéresse l'agriculture, et ne peut par conséquent échapper à notre attention. Sous ce rapport nous croyons utile de dire un mot de ces établissemens fondés par la charité chrétienne (2).

---

(1) Les rivages de la Durance, des deux Buëchs et du Drac, dont les eaux sont si propres à féconder les terres, et dont les limons et les graviers sont susceptibles d'une reproduction très satisfaisante, nous offriraient, sur-tout, plusieurs autres exemples de ce genre à mettre sous les yeux de nos lecteurs; on en trouvera la nomenclature dans l'un des tableaux ci-après.

(2) M. de Narbonne, évêque de Gap, et M. de Leyssin, archevêque d'Embrun, auxquels s'associèrent des écclésiastiques et des laïques recommandables, jettèrent les premiers fondemens de ces œuvres dans ces deux villes, il y a environ 40 ans. Cet exemple fut suivi par de vertueux curés. La fondation de ces greniers, est le résultat, dans quelques endroits, de dispositions testamentaires.

Leur objet est de procurer dans les années de disette du blé au petit propriétaire, dont les récoltes ont trompé l'espoir, en ne lui fournissant pas des moyens de subsistance. On évite par-là l'émigration d'une malheureuse famille, et on la met à même de continuer la culture de ses champs.

L'œuvre ne donne jamais rien; elle prête sur caution (1), moyennant un intérêt annuel en nature, et en même qualité de blé, du douzième de la mesure empruntée. Ce taux n'est pas exhorbitant, si l'on fait attention aux fraix qu'entraîne l'établissement, aux déchets des grains, et sur-tout aux sacrifices qu'on évite à l'emprunteur, s'il était forcé de se jetter dans les bras de l'usure. Le bénéfice d'ailleurs tend progressivement à l'accroissement d'une œuvre dont la prospérité l'intéresse si visiblement.

Dans les mauvaises récoltes l'administration ne presse pas la rentrée de ses grains; mais dans les bonnes elle hâte ses recouvremens. Par-là, quoique le débiteur acquitte en même-temps l'intérêt, il donne souvent une valeur bien moindre que le capital, à cause de la différence

---

(1) Le laboureur, l'homme de peine, se rend utile au bourgeois; celui-ci, comme s'il était son patron, lui rend le réciproque, c'est dire suffisamment que l'emprunteur trouve toujours une caution.

des

des prix, du moment de l'emprunt à celui de la libération. Voilà des attentions dictées par une charité toute prévoyante : il est aussi des précautions inspirées par le désir d'accroître la masse des greniers et de perpétuer les bienfaits (1).

La révolution avait pour ainsi dire suspendu l'exercice de ses œuvres. Les débiteurs ont été recherchés, et des décrets impériaux vont donner aux anciens réglemens une vigueur nouvelle.

Ceci suffit pour donner une idée d'une institution, peut-être, l'unique en France. Le département des Hautes-Alpes doit à ces établissemens, la conservation dans son sein d'un assez bon nombre de familles agricoles (2). Nous y

---

(1) Il arrive quelquefois dans les années de cherté des grains, qu'après les époques des distributions, il reste du blé dans les greniers. On en met une partie en réserve pour les cas urgens ; l'autre est vendue sur le marché. Aux années favorables et au moment des récoltes, on en emploie le montant à acheter de nouveaux grains ; et les bénéfices de cette spéculation accroissent pour autant le capital de l'œuvre. Au surplus, ni les dépôts existans dans les magasins, ni les achats et ventes faites par les administrations de ces établissemens, n'ont aucune influence marquée sur le commerce des grains.

(2) Depuis l'extention donnée à la culture des pommes de terre, sur-tout, on remarque que le nombre des emprunteurs est moins considérable.

comptons trente-huit greniers d'abondance, dont les capitaux en grains s'élèvent à environ 1500 hectolitres.

Chemins ruraux.

Nous avons fait sentir combien l'établissement des grandes routes (1) et les réparations des chemins vicinaux, avaient eu une heureuse influence sur les progrès de l'agriculture. Pourquoi ne pouvons nous pas en dire autant des chemins ruraux ? C'est parce que la loi n'a point fixé précisément à cet égard les règles de la législation. Elle a sagement placé dans les attributions des conseils de préfecture, la répression des délits de grande voirie ; elle y a joint depuis peu de temps celle des chemins vicinaux, mais elle ne s'explique point sur ceux qui, conduisant de hameau à hameau de la même commune, servent en outre à garnir et à dégarnir les propriétés. Comme les chemins vicinaux, ils appartiennent cependant au domaine communal, pourquoi donc les moyens de répression des délits ou des usurpations ne sont-

---

(1) Quatre grandes routes, parfaitement entretenues, se réunissent à Gap ; savoir : celle de Paris à Marseille ; celle d'Espagne en Italie, par le Mont-Genèvre ; celle de Valence à Turin ; celle de Marseille à Briançon ; la route de Grenoble à Briançon, traverse la vallée du Monêtier, sur l'extrême frontière nord-est du département.

ils pas les mêmes ? L'action de la police municipale est peut-être impuissante pour les prévenir. Que la loi s'explique franchement à cet égard (1), et bientôt sans écriture et sans procès, on verra le terme des abus, qui signalent cette partie de l'administration publique, et portent un préjudice notable à l'agriculture.

17.° *Améliorations et inventions particulières, et introductions de pratiques inconnues dans le département.*

Ce que nous avons à dire ici est de si peu d'importance que nous aurions pu nous dispenser de traiter cet article ; mais en économie rurale rien ne doit être négligé ; la Société d'Agriculture de la Seine nous donne d'ailleurs de si nombreux exemples d'une patience sans bornes, que nous

(1) Les conseils de préfecture viennent d'être investis du droit de prononcer, sauf l'approbation du Gouvernement, sur les usurpations des biens communaux ; ils pourraient donc, au besoin, connaître des délits dont nous nous plaignons. Mais les moyens obliques répugnent en administration, et l'on ne voit pas la raison de séparer la législation des chemins ruraux de celle des chemins vicinaux. Les discussions sur les chemins de servitude entre les particuliers, sont les seules qui fassent classe à part, et qui devraient être traitées par les magistrats de l'ordre judiciaire.

avons bien plus à redouter des reproches sur nos réticences que sur notre prolixité.

Nous dirons donc, quant aux inventions, qu'elles se bornent à la découverte, depuis quelques années, d'une paire de ciseaux, destinés à tailler la vigne (1) et dont l'usage se propage dans les vignobles considérables de Remolon, Espinasses et Théus ; l'avantage que présente cet outil est d'accélérer singulièrement l'opération de la taille, et de couper le sarment plus franc qu'avec la serpète. On peut s'en servir aussi pour la taille des jeunes arbres.

En ce qui concerne les introductions nouvelles, indépendamment de celles que nous avons traitées dans le cours de ce mémoire, il nous reste à mentionner celle du chaulage, dont nous avons publié la recette dans le journal de la Société d'Émulation; cette pratique faite avec soin a eu d'heureux résultats, et les propriétaires éclairés se sont empressés d'en faire usage.

---

(1) Ces ciseaux restent constamment ouverts, au moyen d'un ressort, dans la main du vigneron. En la fermant il tranche le sarment sans hésitation.

RÉSUMÉ.

L'exposé que nous venons de tracer laisse beaucoup à désirer, sans doute, mais on y trouver la preuve incontestable d'améliorations, dignes d'éloges, dans les principales branches de l'économie rurale. Si les bois ont perdu, dans une foule de communes, à peu-près la moitié de leurs produits, si les instrumens ordinaires de labours affectent si désagréablement l'agronome observateur, si les chemins ruraux, sur-tout, offrent encore tant d'empiétemens et de dégradations, cette situation défavorable est rachetée par des bonifications essentielles. Nous les trouvons principalement ces bonifications, dans les travaux extraordinaires, qu'ont nécessité le renouvellement et l'assainissement des couches végétales, dans la construction des digues importantes, dans l'ouverture de nombreux canaux d'arrosage, dans les plantations, dans le prodigieux accroissement des prairies artificielles, et dans la culture très-étendue des pommes de terre.

On y apprend que le bien à espérer est loin d'être parvenu à un degré désirable de perfection, que par conséquent il faut encore attendre beaucoup du temps, des efforts et de la patience du cultivateur. Malheureusement nous sommes condamnés à combattre à la fois, et les obstacles de la nature et ceux que nous oppose sans cesse une affligeante pénurie. Dans les grandes entreprises, ni l'enthousiasme du zèle, ni la générosité des sacrifices, ni l'offre d'aucunes avances, ne retardent jamais pour le propriétaire l'époque de sa contribution jusqu'à celle des jouissances. N'importe, notre espoir ne sera pas déçu : pour être éloigné le moment d'une amélioration proportionnée à la nature du territoire et du climat, et à l'étendue des moyens, n'en est pas moins assuré. Alors, cet exposé pourra servir peut-être de point de départ à celui qui voudra par la suite en calculer les progrès.

Nous avions fortement à cœur de présenter dans ce mémoire les produits effectifs de toutes les bonifications territoriales, opérées depuis cinquante ans, par une meilleure culture, ou de meilleurs procédés; mais nous avons renoncé à ce dessein en considérant que tout se tient dans l'économie rurale, que les bénéfices qu'elle procure dependent du concours simultané de toutes ses parties, et sont même la source de revenus industriels qui viennent accroître ses productions; nous avons envisagé que pour énoncer ces différents produits, nous courions risque de tomber dans un dédale, d'où nous n'aurions pu sortir qu'en donnant à des calculs hypothétiques les couleurs de la vraissemblance, ce qui, en blessant la vérité, nous devenait bien plus pénible que de nous renfermer dans les limites d'une sage circonspection. Nous avons préféré de consacrer nos momens à la description véridique de nos usages et de nos méthodes, pour en faire apprécier les avantages ou les vices.

Cependant l'opinion du lecteur sur les divers degrés de ces améliorations, ne devait pas rester incertaine. Il nous a paru qu'au moyen d'un tableau fictif, (1) nous pouvions en représenter, si non les valeurs, du moins leur rapprochement vers le maximum auquel on peut espérer de les voir élever un jour. Nous avons cru de plus qu'il était possible d'en fixer la masse ou le résultat général sur un point unique. Pour y parvenir nous établissons, comme un principe certain, que dans un pays où le commerce et les arts sont nuls pour le cultivateur, les produits directs ou indirects de l'agriculture, viennent tous se reproduire dans la manière d'être du cultivateur propriétaire : or il nous est démontré que cette manière d'être, présente une amélioration, depuis cinquante ans, dans le rapport d'un à trois,

Ici notre tâche est remplie. Il nous reste un vœu à former, c'est de voir la Société de la Seine continuer à encourager les efforts de celle des Hautes-Alpes,

---

(1) Voir ce tableau à la fin du mémoire.

par ses exhortations et ses préceptes, et se montrer auprès du Gouvernement l'appui d'une contrée disgraciée par la nature, mais digne de quelque estime par les vertus sociales de ses habitans, et par l'énergie qu'ils déploient en faveur de l'agriculture. Heureux, si en obtenant ces marques signalées de sa bienveillance pour notre département, il nous était permis de les considérer nous-mêmes, comme un prix accordé à notre zèle et à notre dévouement!

TABLEAU FICTIF, *destiné à représenter, par approximation, les divers degrés d'améliorations obtenues dans le département des Hautes-Alpes, antérieurement à 50 ans, et depuis cette époque, sur les différentes branches de l'agriculture, et sur la manière d'être du cultivateur, ainsi que ceux qu'on peut raisonnablement espérer encore.*

OBSERVATIONS IMPORTANTES. — *Le nombre 50 est considéré dans ce tableau comme le plus haut point de prospérité ou de perfection. Les nombres portés dans les colonnes 2, 3, 4 et 6, sont des parties du nombre 50, indiquant les divers degrés d'améliorations obtenues ou à obtenir, et dans la 5.e le maximum de celles auxquelles on croit qu'il soit possible d'arriver dans ce pays.*

EXEMPLE. ART. Perfectionnement du labourage. — *Le nombre 50 supposerait la plus grande perfection dans les labours; mais nous ne pouvons espérer d'y atteindre, vu les difficultés du terrain et la misère du pays. Nous pensons qu'on ne pourra s'en rapprocher que jusqu'au 30.e degré, c'est-à-dire, aux 3 cinquièmes. Nous indiquons donc le maximum à espérer par le nombre 30. Sur ce nombre nous en avons obtenu 2 avant 50 ans, et 8 depuis, en tout 10, qui déduits de 30, nous en laissent 20 à parcourir, c'est-à-dire, encore les 2 tiers. On peut se former par-là une idée de cette partie de l'agriculture, observant que tous les articles indiqués au tableau, doivent être considérés comme indépendans les uns des autres, notre objet étant seulement de marquer la situation particulière de chacune des branches de l'économie rurale séparément, et non de déterminer par le plus ou moins d'importance des chiffres l'étendue comparative de leurs progrès respectifs.*

SUIT LE TABLEAU.

INDICATION des diverses branches DE L'AGRICULTURE.	Antérieurement à 50 ans.	DEPUIS 50 ans.	TOTAL.	Maximum à espérer
	50.mes	50.mes	50.mes	50.mes
Constructions rurales.	».	5.	5.	25.
Perfectionnement des anciens instrumens aratoires. Inventions ou adoptions nouvelles etc.	».	6.	6.	35.
Clôture, défrichemens et culture des communaux.	2.	10.	12.	45.
Perfectionnement du labourage.	2.	8.	10.	30.
Changemens dans les assollemens, et manière de faire les récoltes.	3.	9.	12.	36.
Améliorations de races d'animaux domestiques.	7.	3.	10.	40.
Augmentation de leur nombre et engraissement.	10.	5.	15.	45
Parcage.	15.	10.	25.	35.
Laitage.	15.	8.	23.	40.

DEGRÉS restant à obtenir.	OBSERVATIONS.
50.mes	
20.	La situation particulière des villages, des hameaux et des maisons ne permet pas d'espérer une grande amélioration dans cette partie.
29.	Les degrés d'amélioration obtenus sur cet article se rapportent uniquement à l'adoption de la bèche, de l'oreiller et de la charrue de Grenoble.
33.	Ceci ne regarde que les défrichemens et la culture des terrains situés le long des rivières. Le peu de bien résultant des autres défrichemens n'est malheureusement que trop compensé par le mal qu'ils ont produit.
20.	Les améliorations obtenues sont principalement rélatives à l'effondrement, à l'assainissement des terres et aux labours faits avec la bèche, l'oreiller et la charrue de Grenoble.
24.	La manière de faire les récoltes ne présente aucune amélioration. Celles indiquées dans cet article, ont rapport aux changemens survenus dans les assollemens.
30.	Les améliorations obtenues regardent les moutons. Celles à obtenir concernent les autres animaux domestiques, sur-tout les chevaux et les bœufs.
30.	Ce dernier résultat aura lieu, sur-tout, lorsque les herbages de nos grandes montagnes seront consommés en partie par les moutons du pays, au lieu de l'être par des races transhumantes. La nécessité de nourrir les bestiaux dans les écuries, pendant cinq mois d'hiver, s'oppose à ce qu'on puisse atteindre au plus haut point d'augmentation dans le nombre, même en multipliant les prairies artificielles.
10.	Les améliorations dans le parcage, depuis 50 ans, ne sont pas proportionnée à l'augmentation des troupeaux, parce qu'on n'emploie le parc que dans les terres situées près des montagnes. Les bergers de provence n'obtiennent la ferme des herbages, qu'à condition qu'ils amèneront successivement leurs troupeaux dans les parcs des habitans. Voilà pourquoi le restant à obtenir est aussi moins considérable qu'à l'article précédent.
17.	L'amélioration, depuis 50 ans, est due aux prairies artificielles; on tient plus de vaches et de brebis qu'auparavant; mais aussi il y a beaucoup moins de chèvres.

INDICATION des diverses branches DE L'AGRICULTURE.	Antérieurement à 50 ans.	DEPUIS 50 ans.	TOTAL.	Maximum à espérer.
	50.mes	50.mes	50.mes	50.mes
Vers-à-soie.	».	5.	5.	35.
Abeilles.	15.	5.	20.	50.
Pêche, Gibiers, Pigeons et Volailles.	12.	6.	18.	35.
Engrais.	5.	10.	15.	40.
Culture des plantes céréales.	25.	10.	35.	50.
Culture des racines.	5.	30.	35.	50.
Culture des légumes.	10.	5.	15.	30.
Praries naturelles.	9.	14.	23.	45.
Praries artificielles.	3.	18.	21.	46.
Vignes.	20.	5.	25.	35.
Fabrication du vin.	15.	».	15.	25.

DEGRÉS restant à obtenir.	OBSERVATIONS.
50.mes	
30.	Cette branche d'industrie agricole ne peut prospérer que dans les parties méridionales du département.
30.	Ceci regarde le nombre des ruchers, et non les soins donnés aux abeilles, car en cela il n'y a point d'améliorations.
17.	Il pourrait y avoir quelque amélioration dans le gibier, en le plaçant dans les bois communaux sous la garde des gardes champêtres et forestiers, cependant la neige est un grand obstacle à sa multiplication. Les améliorations ci-contre, se rapportent aux pigeons et volailles.
25.	La paille étant nécessaire à la nourriture des bestiaux, on ne peut, pour les engrais, que rester en arrière du dernier degré d'amélioration.
15.	Les céréales généralement connues, sont cultivées ici en grand, excepté le maïs dont on voit quelques plantes dans les jardins.
15.	Cet article ne s'applique qu'aux pommes de terre. Il n'y a pas eu d'amélioration pour les raves blanches. Les dix degrés à obtenir sont réservés pour les turneps, les bêteraves jaunes, rouges et champêtres.
15.	La culture des légumes recherchés, ne sera jamais considérable dans les Hautes-Alpes, vu le défaut de débouchés et de consommation.
22.	La faculté de l'irrigation a eu, dans ces derniers temps, plus d'effet sur l'accroissement des prairies artificielles que sur celui des prairies naturelles.
25.	C'est en ceci que les améliorations à obtenir feront le plus de progrès.
10.	L'amélioration depuis cinquante ans, n'a eu lieu que parce qu'on a consacré à la vigne un peu plus d'engrais. Tout s'oppose en ce moment aux progrès de ces améliorations.
10.	L'éloignement des vignes aux lieux d'habitation, est un obstacle invincible à la bonne manipulation du vin. Ces propriétés sont trop morcellées pour qu'on puisse y avoir des celliers.

INDICATION des diverses branches DE L'AGRICULTURE.	Antérieurement à 50 ans.	DEPUIS 50 ans.	TOTAL.	Maximum à espérer.
	50.mes	50.mes	50.mes	50.mes
Semis.	».	8.	8.	30.
Pépinières.	».	30.	30.	50.
Plantations d'arbres.	6.	16.	22.	50.
Culture des plantes oléagineuses.	12.	4.	16.	35.
Culture des plantes textiles.	15	10.	25.	40.
Desséchemens.	».	5.	5.	25.
Irrigations.	9.	13.	22.	50.
Digues.	1.	7.	8.	40.
Greniers d'abondance.	».	10.	10.	40.
Manière d'être du cultivateur.	3.	9.	12.	25.

DEGRÉS restans à obtenir.	OBSERVATIONS.
50.mes	
22.	Attendu la disparution des couches végétales, les semis sont trop dispendieux sur la croupe des collines, pour qu'on puisse espérer d'en voir exécuter une grande quantité.
20.	La situation des pépinières, tant publiques que particulières, est satisfaisante.
28.	Si le zèle se maintient pour les plantations, on arrivera aux résultats les plus avantageux.
19.	Les productions du noyer nuiront toujours à la culture des plantes oléagineuses. L'arrachide n'a pas réussi.
15.	Ceci concerne le chanvre. La multiplication des engrais a occasionné une amélioration depuis cinquante ans, mais il en faut une trop grande quantité pour espérer que cette culture soit portée au plus haut degré.
20.	Les desséchemens ne peuvent avoir lieu qu'aux dépens des prés marais. On doit se borner à ce qu'exige la salubrité.
28.	Il est encore beaucoup de canaux d'arrosage en projet.
32.	Les dépenses énormes qu'entraînent les digues, ne permettent pas d'aspirer au dernier degré d'amélioration, encore supposons nous dans celle à obtenir qu'on sera encouragé par l'administration.
30.	La faible population de quelques communes s'oppose à ce qu'elles possèdent jamais des greniers d'abondance.
13.	L'âpreté du climat, la lutte continuelle du cultivateur contre les torrens, le tiendront toujours à un éloignement très-considérable, de cette manière d'être, qu'on appelle aisance. Les améliorations obtenues sur cet article, depuis cinquante ans, reconnaissent aussi quelques causes indépendantes de l'agriculture.

TABLEAU

DES

CANAUX D'ARROSAGE

EXISTANS DANS LES HAUTES-ALPES.

Nota. *Parmi les canaux d'arrosage, les uns sont communaux, d'autres appartiennent à des sections de commune, d'autres à de simples particuliers. Les uns fournissent abondamment de l'eau toute l'année: tous la donnent pour les premiers foins. Le terme moyen du produit d'une propriété arrosée, comparée à celle qui ne l'est pas, est comme trois est à deux.*

Sur 744 *canaux, il en a été construit un peu plus de la moitié depuis* 50 *ans.*

ARRONDISSEMENT DE BRIANÇON.

CANTON D'AIGUILLES.

NOMS des COMMUNES.	NOMBRE de canaux.	LEUR longueur.	LEUR largeur.	LEUR profondeur.	TERRAIN qu'ils arrosent.	TORRENS et rivières qui les alimentent.
		mètres.	mètres.	mètres,	hectares.	
Abriés.	17.	500 à 6000.	1 ½.	» ½.	142.	Rif-S.t-Martin. Bealaires. Ruisseau d'Urine. Bouché. Guil.
Aiguille.	12.	600 à 3006.	2.	1.	104.	Ruisseau-Lombard. Marif. Penin. Guil.
Arvieux.	9.	500 à 2000.	1 ½.	» ½.	53.	Soulier. Audarvieux. Combe-Bonne. Les Haies.
Molines.	5.	120 à 4100.	2.	» ½.	53, 52.	Agnel. Rif-du-Vallon.
Ristolas.	9.	600 à 3006.	2.	1.	85.	Guil. Echacha. Rif-Chaufan. Ganistilo.
Saint-Véran.	3.	1800 à 4000.	2.	» ½.	50, 16.	Blanc-Ruisseau.
Ville-Vieille.	18.	500 à 4006.	2.	» ½.	115.	Aigue-Blanche. Guil. Rif-du-Vallon. Soulier.

NOMS des COMMUNES.	NOMBRE de canaux.	LEUR longueur.	LEUR largeur.	LEUR profondeur.	TERRAIN qu'ils arrosent.	TORRENS et rivières qui les alimentent.
CANTON DE BRIANÇON.						
		mètres.	mètres.	mètres.	hectares.	
Briançon. (*a*)	6.	2000 à 3000.	1.	» $\frac{1}{2}$.	138.	Guisanne. Durance. Servières.
Grand-Villard.	6.	550 à 4000.	1 $\frac{1}{2}$.	» $\frac{3}{4}$.	203, 50	Servières. Les Haies. Gros-Rif.
La Vachette.	2.	3000 à 4000.	1.	» $\frac{1}{2}$.	26.	La Clarée. Durance.
Mont-Genèvre. (*b*)	3.	2500 à 3000.	» $\frac{3}{4}$.	» $\frac{1}{2}$.	75, 50	Doire. Durance.
Neuvache. (*c*)	1.	5000.	3.	1.	46.	Duvallon.
Puy-S.t-André.	5.	1500 à 2000.	» $\frac{3}{4}$.	» $\frac{1}{2}$.	120, 98	Rif-des-Combes.
Servières.	4.	300 à 400.	» $\frac{1}{2}$.	» $\frac{1}{3}$.	83, 52	Servières. Ruisseau-du-Sau.
Saint-Pierre. (*d*)	2.	20,000 à 25,000.	2.	1.	71.	Guisanne.
Val-des-Prés (*e*)	6.	2000 à 3000.	1 $\frac{1}{1}$.	» $\frac{1}{2}$.	66, 25	La Clarée. Le Gramon.

(*a*) La commune de Briançon arrose 324 hectares. — 186 sont arrosés par les canaux qui viennent du canton du Monêtier, et que l'on a compris dans ce dernier canton.

(*b*) On pourrait avec 600 francs construire au hameau des Alberts, un canal qui arroserait 37 hectares.

(*c*) Ce canal est à peu-près abandonné. 600 francs et 6 journées de la part de chaque intéressé suffiraient pour son rétablissement.

(*d*) Cette commune arrose 168 hectares 51 ares. — 97 hectares sont arrosés par des canaux venant du canton du Monêtier, et qui sont compris dans ce dernier canton.

(*e*) M. Queyras, juge de paix, travaille à faire rétablir le canal de Bouque. 300 journées suffiront.

NOMS des COMMUNES.	NOMBRE de canaux.	LEUR longueur.	LEUR largeur.	LEUR profondeur.	TERRAIN qu'ils arrosent.	TORRENS et rivières qui les alimentent.

CANTON DE L'ARGENTIÈRE.

		mètres.	mètres.	mètres.	hectares.	
L'Argentière.	5.	300 à 400	» $\frac{1}{2}$.	» $\frac{1}{2}$.	39.	Gironde.
La Roche.	10.	100 à 300.	» $\frac{1}{2}$.	» $\frac{1}{4}$.	50.	L'Ascension. Lafrère.
Puy-Près.	8.	5000 à 7000.	1 $\frac{1}{2}$.	» $\frac{3}{4}$.	160.	fontaines et lacs.
Saint-Martin.	15.	800 à 1000.	» $\frac{3}{4}$.	» $\frac{1}{4}$.	210.	Torrens.
Pisse.	16.	1500 à 1800.	1 $\frac{1}{2}$.	» $\frac{1}{2}$.	85.	La Gi. L'Echauda. Julianne.
Vignaux.	6.	4000 à 6000.	1.	» $\frac{1}{2}$.	45.	Gironde. Torrens des Vignaux.
Ville-Vallouise.	20.	4000 à 6000.	1.	» $\frac{1}{2}$.	273.	Gironde.

NOMS des COMMUNES.	NOMBRE de canaux.	LEUR longueur.	LEUR largeur.	LEUR profondeur.	TERRAIN qu'ils arrosent.	TORRENS et rivières qui les alimentent.
CANTON DU MONÊTIER.						
		mètres.	mètres.	mètres.	hectares.	
Canaux communs à plusieurs communes du canton du Monêtier, Briançon et Saint-Pierre. *(a)*	11.	500 à 1200.	2.	1.	716, 40.	Guisanne.
Saint-Chaffrey.	52.	350 à 1600.	1 ½.	1.	443, 42.	Carle. Bernard. Verderel. S.te-Elizabeth.
Monêtier.	29.	250 à 3000.	1 ½.	1.	413, 72.	Ruisseaux De Chanteloube. De Trabne. De Lauzet. Lantelme. Gros-Riou.
La Salle.	19.	400 à 2600.	1 ½.	1.	383, 65.	Ruisseaux du Mes et de la Salle.
RÉSERVOIRS (b).						
La Salle.	5.	......	......	......	6, 80.	Sources.
Saint-Chaffrey.	7.	......	......	......	10, 30.	*Idem.*
Briançon et Saint-Pierre.	13.	......	......	......	35, 10.	*Idem.*
TOTAL....	324	......	......	......	4304,82.	

(*a*) Ces canaux se prolongent jusques dans les communes de Briançon et de Saint-Pierre, avec quelques dépenses on peut les conduire plus loin.

(*b*) Ces réservoirs sont destinés à réunir des sources trop peu considérables pour procurer un cours d'eau permanent.

NOMS des COMMUNES.	NOMBRE de canaux.	LEUR longueur.	LEUR largeur.	LEUR profondeur.	TERRAIN qu'ils arrosent.	TORRENS et rivières qui les alimentent.

ARRONDISSEMENT D'EMBRUN.

CANTON DE CHORGES.

		mètres.	mètres.	mètres.	hectares.	
Breziers.	1.	200.	» 3/4.	» 1/2.	3.	Clapouse.
Chorges.	1.	300.	» 3/4.	» 1/2.	10.	Durance.
Rochebrune (a).	2.	250.	2.	1.	18.	Bellaffaire et la Durance.

CANTON D'EMBRUN.

Barratier.	3.	500 à 1500.	» 1/2.	» 1/3.	150.	Vachères.
Château-Roux.	12.	400 à 1200.	» 1/2.	» 1/3.	75.	Sources.
Crevoux.	6.	100 à 600.	» 1/2.	» 1/2.	50.	*Idem.*
Crottes.	2.	100 à 500.	» 1/2.	» 1/2.	150.	Vachères. Durance.
Embrun.	4.	200 à 1200.	» 1/2.	» 1/3.	175.	Durance. Sources.
Orres.	7.	150. à 600.	» 1/2.	» 1/2.	35.	Sources des montagnes.
Saint-André.	3.	200 à 800.	» 1/2.	» 1/2.	75.	*Idem.*
Saint-Sauveur.	5.	100 à 500.	» 1/2.	» 1/2.	80.	Vachères.

(a) Cette petite commune a fait des prodiges depuis la révolution, par la constructio[n] de ses canaux et de ses digues.

NOMS des COMMUNES.	NOMBRE de canaux.	LEUR longueur.	LEUR largeur.	LEUR profondeur.	TERRAIN qu'ils arrosent.	TORRENS et rivières qui les alimentent.

CANTON DE GUILLESTRE.

NOMS des COMMUNES.	NOMBRE de canaux.	LEUR longueur.	LEUR largeur.	LEUR profondeur.	TERRAIN qu'ils arrosent.	TORRENS et rivières qui les alimentent.
		metres.	metres.	metres.	hectares.	
Chancela.	1.	1400.	1.	» $\frac{2}{3}$.	35.	Collet.
Eygliers.	1.	600.	1.	» $\frac{2}{3}$.	18.	Guil.
Guillestre.	3.	1000 à 1200.	1.	» $\frac{1}{2}$.	150.	Rif-Bel.
Freyssinières.	1.	300.	1.	» $\frac{1}{2}$.	30.	Bias.
Réotier.	1.	800.	» $\frac{2}{3}$.	» $\frac{1}{2}$.	30.	Montagne.
Risoul.	1.	1200.	» $\frac{2}{3}$.	» $\frac{2}{3}$.	160.	Chagne.
Saint-Clément.	1.	400.	1.	» $\frac{1}{2}$.	20.	Coulans.
Saint-Crépin.	3.	1000 à 1200.	1.	» $\frac{1}{2}$.	67.	Labeil. Le Gouas. Sources.
Seillac.	20.	1000 à 1200.	» $\frac{1}{2}$.	» $\frac{1}{2}$.	110.	Cristillan. Melezet.
Vars	4.	1050.	» $\frac{2}{3}$.	» $\frac{2}{3}$.	120.	La montagne.

NOMS des COMMUNES.	NOMBRE de canaux.	LEUR longueur.	LEUR largeur.	LEUR profondeur.	TERRAIN qu'ils arrosent.	TORRENS et rivières qui les alimentent.
CANTON D'ORCIÈRES.						
		metres.	metres.	metres.	hectares.	
Champoléon.	8.	900 à 2500,	» ½.	» ⅓.	170.	Drac.
Orcières.	8.	1000 à 3000.	1.	» ½.	50.	Sources. Drac.
Saint-Jean-S.t-Nicolas.	1.	2000.	» ½.	» ⅓.	25.	Drac.
CANTON DE SAVINES.						
Puy-S.t-Euzèbe.	1.	2500.	1.	» ½.	15.	Sources et torrent de Réalon.
Réalon.	1.	500 à 600.	» ¾.	» ⅓.	25.	*Idem.*
Savines.	4.	3000 à 6000.	2.	1.	371.	Torrent de Réalon.
TOTAL.	105.				2352.	

ARRONDISSEMENT DE GAP.

CANTON D'ASPRES.

NOMS des COMMUNES.	NOMBRE de canaux.	LEUR longueur.	LEUR largeur.	LEUR profondeur.	TERRAIN qu'ils arrosent.	TORRENS et rivières qui les alimentent.
		mètres.	mètres.	mètres.	hectares.	
Aspres.	2.	5000 à 5500.	2.	1.	178.	Buëch.
Aspremont.	2.	1500 à 2500.	2.	1.	112.	*Idem.*
Labeaume.	14.	300 à 1500.	1.	» ½.	58.	Chorane.
La Faurie.	5.	800 à 3000.	1 ½.	1.	75.	Buëch. Aiguebelle.
Saint-Jullien.	6.	800 à 1200.	1.	» ½.	74.	Buëch. Bouriane. Ouch.
Saint-Pierre.	3.	800.	» ¾.	» ⅓.	24.	Béal-S.t-Martin. Torrent de Chorane.
Montbrand (*a*).	3.	100 à 150.	» ⅓.	» ⅓.	12.	Aiguebelle.

(*a*) Petits canaux particuliers aux riverains.

NOMS des COMMUNES.	NOMBRE de canaux.	LEUR longueur.	LEUR largeur.	LEUR profondeur.	TERRAIN qu'ils arrosent.	TORRENS et rivières qui les alimentent.

CANTON DE SAINT-BONNET.

		metres.	metres.	metres.	hectares.	
Saint-Bonnet (*a*)	2.	9000 à 24000.	2.	1.	450.	Drac.
Costes et Aubessagne.	1.	1400.	4.	» $\frac{1}{2}$.	270.	Severaissete.
Charbillac.	1.	7200.	2.	1.	50.	Severaissete.
Chabotonnes.	1.	4000.	» $\frac{1}{2}$.	» $\frac{1}{2}$.	25.	Drac.
Chabottes.	2.	3000.	» $\frac{1}{2}$.	» $\frac{1}{3}$.	30.	Drac. Fangeas.
Chaillol,	2.	1000 à 3000.	1.	» $\frac{1}{2}$.	35.	Sources.
Buissard.	2.	2000 à 3000.	1.	» $\frac{1}{2}$.	30.	Buissard. Combettes.
Glaizil.	10.	700 à 900.	» $\frac{3}{4}$.	» $\frac{1}{2}$.	68,28	Faraud. Chabat. Rioumanel. La Perja. Glaizil.
Lafare.	1.	4000.	1.	» $\frac{1}{3}$.	12.	Drac.

(*a*) L'un de ces canaux n'a été que commencé. On a dépensé 200,000 francs en procès.

NOMS des COMMUNES.	NOMBRE de canaux.	LEUR longueur.	LEUR largeur.	LEUR profondeur.	TERRAIN qu'ils arrosent.	TORRENS et rivières qui les alimentent.

SUITE DU CANTON DE SAINT-BONNET.

		mètres.	mètres.	mètres.	hectares.	
Lamotte.	6.	1000 à 1200	1 ½.	1.	196, 69.	Severaissete.
Laplaine.	2.	4000.	1.	» ½.	205.	Drac. Torrent d'Ancelle.
Noyer.	14.	2000 à 3000.	» ¾.	» ½.	146, 55	Les Costes. Rajoux. Loulle. Sources.
Poligny.	4.	600 à 800.	1.	» ½.	79, 80.	Prajoux. Bel.
Molines.	3.	500 à 600.	» ½.	» ⅓.	16, 74.	Severaissete.
Saint-Euzèbe.	1.	1500	2.	1.	251, 10.	*Idem.*
Saint-Laurent.	1.	1500.	1 ½.	» ½.	120.	Torrent d'Ancelle.
6 Communes de la rive gauche du Drac.	1.	34000	4 ½.	2 ½.	1100.	Drac.—Ce canal n'est exécuté qu'en partie.
Saint-Julien.	4.	1000 à 4000.	1 ½.	» ½.	230.	Drac. Les Combettes. Chautosel.

NOMS des COMMUNES.	NOMBRE de canaux.	LEUR longueur.	LEUR largeur.	LEUR profondeur.	TERRAIN qu'ils arrosent.	TORRENS et rivières qui les alimentent.
		CANTON DE SAINT-ETIENNE.				
		mètres.	mètres.	mètres.	hectares.	
Saint-Disdier.	1.	600.	» 1/2.	» 1/3.	6.	Souloise.
Saint-Etienne.	1.	800.	» 1/3.	» 1/3.	15.	*Idem.*
Lacluse.	2.	400.	» 2/3.	» 1/3.	3.	Mouche-Chat.
		CANTON DE SAINT-FIRMIN.				
Aspres.	2.	4000.	1.	» 1/2.	165.	Bredour.
Clémence-d'Ambel.	10.	275.	» 2/3.	» 2/3.	93.	Severaisse. Navette.
Saint-Firmin.	6.	1000 à 4000.	1.	» 1/2.	199.	Severaisse. Bredour.
Guilleaume-Perouse.	13.	200.	» 2/3.	» 2/3.	120.	Severaisse.
Saint-Jacques, les Herbeis et Aubessagne (*a*).	4.	600 à 3000.	1.	» 1/2.	288,53.	Severaisse. et Sources.
S.t-Maurice (*b*).	12.	400. à 2000.	1.	» 2/3.	70.	Severaisse. Proutes. Ruisseau de S.t-Maurice.
Villard-Loubière.	6.	2000.	» 2/3.	» 2/3.	26.	Ruisseau du Villard. Collambaigues. Chamousset.

(*a*) Ceci est indépendant du terrain fertilisé par le canal des Costes et d'Aubessagne, porté au canton de Saint-Bonnet.

(*b*) Le canal Desherbeys prend son origine dans cette commune où il arrose 3 hectares, pour lesquels les habitans n'ont rien payé, ni pour les frais de construction, ni pour ceux d'entretien.

NOMS des COMMUNES.	NOMBRE de canaux.	LEUR longueur.	LEUR largeur.	LEUR profon-deur.	TERRAIN qu'ils arrosent.	TORRENS et rivières qui les alimentent.

CANTON DE GAP.

		mètres.	mètres.	mètres.	hectares.	
Gap (*a*).	12.	300 à 2000.	» $\frac{1}{3}$.	» $\frac{1}{3}$.	60.	Bonne. Luye. Turelet. Buzon. La Selle.
La Roche.	3.	1000 à 1200.	» $\frac{2}{3}$.	» $\frac{1}{2}$.	101	Buëch. Rif-de-Clare. Roux.
Manteyer.	2.	700 à 800.	» $\frac{2}{3}$.	» $\frac{1}{3}$.	54.	Ril-du-Château. *Idem* du Moulin.
Pelleautier (*b*),	2.	100 à 600.	» $\frac{1}{2}$.	» $\frac{1}{3}$.	10.	Sources et lacs.
Rabou.	2.	900 à 1000.	» $\frac{2}{3}$.	» $\frac{1}{3}$.	70.	Béal de Rabou. Lachaus.
Romette.	1.	300.	» $\frac{1}{3}$.	» $\frac{1}{3}$.	12.	Sources.

(*a*) Ces canaux ne servent ordinairement que pour les premiers foins.
(*b*) L'un de ces canaux a été ouvert par M. Boutoux, président du tribunal civil, au moyen d'un souterrain qu'il a creusé jusqu'au-dessous du lac.

NOMS des COMMUNES.	NOMBRE de canaux.	LEUR longueur.	LEUR largeur.	LEUR profondeur.	TERRAIN qu'ils arrosent.	TORRENS et rivières qui les alimentent.
CANTON DE LABATIE-NEUVE.						
		metres.	metres.	metres.	hectares.	
Avançon (*a*).	1.	1000.	1 $\frac{1}{2}$.	» $\frac{1}{2}$.	17.	Vance.
Labâtie-Neuve.	2.	5000.	» $\frac{2}{3}$.	» $\frac{1}{2}$.	62.	Beilière. Sapet.
Labâtie-Vieille.	1.	800.	» $\frac{1}{2}$.	» $\frac{1}{3}$.	18.	Luye.
La Rochette.	6.	200 à 1500.	» $\frac{1}{2}$.	» $\frac{1}{3}$.	25.	Luye. Sarrazin. Béal d'Ancelle.
Saint-Etienne.	2.	800.	» $\frac{1}{2}$.	» $\frac{1}{3}$.	8.	Font-Claire. Vance.
Valserres.	1.	3000.	2.	1.	20.	Vance.
CANTON DE L'ARAGNE.						
Laragne.	1.	3000.	1 $\frac{1}{2}$.	1.	25.	Buëch.
Monêtier-Allemond (*b*).	1.	600.	» $\frac{1}{2}$.	» $\frac{1}{3}$.	22.	Durance.

(*a*) En prolongeant ce canal on peut mettre encore à l'arrosage 15 hectares de terrain.

(*b*) Un canal qui puiserait sous la Saulce, dans la Durance, arroserait toute la plaine de Ventavon, et le territoire de plusieurs autres communes.

NOMS des COMMUNES.	NOMBRE de canaux.	LEUR longueur.	LEUR largeur.	LEUR profondeur.	TERRAIN qu'ils arrosent.	TORRENS et rivières qui les alimentent.
CANTON D'ORPIERRE.						
		metres.	metres	metres.	hectares.	
Lagrand.	2.	600 à 1000.	» $\frac{2}{3}$.	» $\frac{1}{2}$.	16.	Blaisance. Céans.
Orpierre.	3.	300 à 400.	» $\frac{1}{3}$.	» $\frac{1}{3}$.	69.	Céans.
Saléon.	1.	600.	» $\frac{1}{3}$.	» $\frac{1}{3}$.	5.	*Idem.*
Trescleoux (*a*).	19.	1200 à 1500.	» $\frac{1}{3}$.	» $\frac{1}{4}$.	75, 25.	Blaisance. Maredarie.
CANTON DE RIBIERS.						
Antonaves.	1.	1500.	» $\frac{3}{4}$.	» $\frac{1}{2}$.	30.	Meouge.
Barret-le-Bas.	1.	1200.	» $\frac{3}{4}$.	» $\frac{1}{2}$.	19.	*Idem.*
Ribiers (*b*).	1.	1500.	» $\frac{1}{2}$.	1.	42.	Sources du Clarescon.
Salerans.	1.	600.	» $\frac{3}{4}$.	» $\frac{1}{2}$.	25.	Meouge,

(*a*) Les communes de Méreuil, Trescleoux, Lagrand et Saléon, ont projetté un superbe canal à prendre dans le Buëch.

(*b*) Tout le territoire de Ribiers pourrait être arrosé, au moyen d'un canal à prendre au Buëch. M. le Maire de Ribiers s'est occupé de ce projet.

NOMS des COMMUNES.	NOMBRE de canaux.	LEUR longueur.	LEUR largeur.	LEUR profondeur.	TERRAIN qu'ils arrosent.	TORREN[TS] et rivières qui le[s] alimentent.
CANTON DE ROSANS.						
		metres.	metres.	metres.	hectares.	
Bruis.	1.	1500.	1.	» $\frac{1}{2}$.	27, 55	Oule.
Chanousse.	4.	100 à 250.	» $\frac{1}{3}$.	» $\frac{1}{2}$.	18.	Champons. La Combe.
Moidans.	1.	1500.	» $\frac{3}{4}$.	» $\frac{1}{2}$.	10.	Dame.
Montjai.	6.	1300.	» $\frac{1}{2}$.	» $\frac{1}{3}$.	18.	Bachas. Monard.
Ribeyret.	1.	1700.	» $\frac{1}{2}$.	» $\frac{1}{3}$.	18, 50.	Desclate.
Rosans.	3.	1000 à 2500.	» $\frac{3}{4}$.	» $\frac{1}{3}$.	62, 50.	Lestanci. Luzerne. Pigerol. Baudon.
Sainte-Marie.	3.	1200 à 2000.	1.	» $\frac{1}{2}$.	15.	Oule.
Saint-André.	3.	50 à 600.	» $\frac{3}{4}$.	» $\frac{1}{2}$.	8.	Combette. Aigues. Lidane.
Sorbiers.	1.	50 à 600.	» $\frac{3}{4}$.	» $\frac{1}{2}$.	6.	Aigues.

NOMS des COMMUNES.	NOMBRE de canaux.	LEUR longueur.	LEUR largeur.	LEUR profondeur.	TERRAIN qu'ils arrosent.	TORRENS et rivières qui les alimentent.

CANTON DE SERRES.

		metres.	metres.	metres.	hectares.	
Bersac.	1.	240.	» $\frac{1}{3}$.	» $\frac{1}{2}$.	6, 25	Sources. Torrent de Chaumes.
L'Épine.	1.	2000.	1 $\frac{1}{2}$.	» $\frac{1}{2}$.	10.	Sources d'alons.
Lapiarre.	3.	700 à 800.	» $\frac{1}{2}$.	» $\frac{1}{3}$.	18.	D'Aiguebelle et d'Aigue-Volue.
Labâtie-Montsaléon.	2	2000.	2.	1.	27.	Buëch.
Montmorin.	10.	1200 à 1500.	2.	» $\frac{3}{4}$.	44, 13.	Torrent d'Oule. Loume. Rif-Abrard.
Montrond.	1.	1000.	» $\frac{1}{2}$.	» $\frac{1}{2}$.	17.	Buëch.
Méreuil.	3.	2400.	» $\frac{1}{2}$.	» $\frac{1}{3}$.	4.	Sous-Ourne. Branca.
Montclus.	15.	100 à 150.	» $\frac{1}{2}$.	» $\frac{1}{2}$.	12.	Blème. Vaugèle.
Savournon.	4.	280 à 400.	» $\frac{1}{3}$.	» $\frac{1}{3}$.	14, 50.	Sources et torrens de Chaumes.
Sigotier.	6.	1000 à 1200.	1.	» $\frac{1}{2}$.	151, 41.	Buëch. Torrent d'alons. Aiguebelle.
Saint-Genis.	1.	232.	» $\frac{1}{2}$.	» $\frac{1}{3}$.	5.	Sources des montagnes.
Serres.	11.	500 à 1600.	1.	» $\frac{1}{2}$.	68.	Buëch. Aiguebelle. La Blème. Bili.

NOMS des COMMUNES.	NOMBRE de Canaux.	LEUR longueur.	LEUR largeur.	LEUR profondeur.	TERRAIN qu'ils arrosent.	TORRENS et rivières qui les alimentent.
CANTON DE TALLARD.						
		metres.	metres	metres.	hectares.	
Jarjayes.	1.	3000.	2.	1.	25.	Vance.
La Saulce (a).	1.	3300.	2.	» $\frac{2}{3}$.	75.	Durance.
Neffes.	1.	1000.	1.	1.	25.	Evarras.
Létrêt.	1.	400.	1.	1.	4.	Durance.
Sigoyer.	1.	2000.	1 $\frac{1}{2}$.	1.	30.	Baudon.
CANTON DE VEYNES.						
Chabestan.	2.	1800 à 2000.	1.	» $\frac{2}{3}$.	250.	Buëch.
Furmeyer.	2.					Drouzet.
Montmaur.	1.					Meoule.
Oze.	1.					Bachachette.
Veynes.	7.					Maraise.

(a) Ce canal peut se prolonger. Lorsque les digues seront achevées, il arrosera environ 300 hectares du terrain le plus précieux des Alpes.

RÉCAPITULATION.

ARRONDISSEMENS.	NOMBRE de CANAUX.	TERRAINS qu'ils ARROSENT.
BRIANÇON.	324.	4304—82.
EMBRUN.	105.	2352— ».
GAP.	315.	6589—78.
TOTAUX......	744.	13246—60.

TABLEAU
DES
DIGUES
CONSTRUITES DANS LES HAUTES-ALPES.

Nota. *Parmi les digues construites dans les Hautes-Alpes, les unes sont communales, d'autres sont particulières. Avant 50 ans on n'employait que des moyens assez imparfaits pour garantir les propriétés contre les ravages des torrens; c'est donc depuis cette époque que l'on a élevé la presque totalité des digues que présente ce tableau.*

NOMS des COMMUNES.	NOMBRE de digues.	LEUR longueur.	TERRAIN qu'elles conservent	RIVIÈRES ou torrens contre lesquels elles sont assises.

ARRONDISSEMENT DE BRIANÇON.

CANTON D'AIGUILLES.

		mètres.	hectares.	
Abriés.	2.	150.	10.	Guil

CANTON DE BRIANÇON.

Neuvache (*a*).	1.	100.	35.	Clarée.
Val-des-Près.	1.	450.	100.	Clarée.

CANTON DE L'ARGENTIÈRE.

La Roche.	6.	5000.	175.	Durance.
Ville-Vallouise.	4.	200.	10.	Gironde.

CANTON DU MONÊTIER.

La Salle.	2.	880.	44.	Guisanne.
Saint-Chaffrey.	11.	685.	9.	Guisanne. Saint-Bonnet. Verderel, S.te-Elisabeth.
TOTAL.....	27.........		383.	

(*a*) En construisant une digue de 100 mètres de longueur on gagnerait encore 10 hectares de prés vieux.— Elle coûterait 3000 fr.

NOMS des COMMUNES.	NOMBRE de digues.	LEUR longueur.	TERRAIN qu'elles conservent	RIVIÈRES ou torrens contre lesquels elles sont assises.
ARRONDISSEMENT D'EMBRUN.				
CANTON DE CHORGES.				
		mètres.	hectares.	
Chorges (*a*).	2.	400.	25.	Moulettes.
Espinasses.	3.	726.	21.	Trente-Pas. Mardarel. Durance.
Remollon	2.	1950.	24.	Torrent de Théus. Durance.
Rochebrune (*b*).	2.	1500.	42.	Durance. Torrent de Bellaffaire.
Rousset.	2.	350.	10	Trente-Pas. Durance.
CANTON D'EMBRUN.				
Baratier.	1.	200.	15.	Vachères.
Crottes.	1.	1200.	45.	Durance.
Embrun.	2.	1000.	35.	*Idem*.

(*a*) Cette commune, ancienne capitale des *Cathuriges*, est menacée d'être envahie par deux torrens.

(*b*) La plupart de ces digues sont construites à chaux et à sable.

NOMS des COMMUNES.	NOMBRE de digues.	LEUR longueur.	TERRAIN qu'elles conservent	RIVIÈRES ou torrens contre lesquels elles sont assises.

CANTON DE GUILLESTRE.

		mètres.	hectares.	
Champcela *(a)*.	1.	300.	18.	Durance.
Eygliers *(b)*.	1.	300.	24.	*Idem.*
Freissinières *(c)*.	1.	400.	25.	Biasse.
Mont-Lion *(d)*.	1.	200.	15.	Guil.
Réotier *(e)*.	1.	200.	10.	Durance.
S.t-Clément *(f)*.	1.	200.	30.	*Idem.*
Saint-Crépin *(g)*.	1.	400.	60.	*Idem.*
Guillestre. Seillac.	3.	150.	200.	Rif-Bail. Cristilians. Melezet.

(a) 6000 fr. suffiraient pour pretéger la plaine de l'ancienne Rome.

(b) Avec 14,500 fr. cette commune pourra construire 600 mètres de digue, qui protégeront 15 hectares de terrain.

(c) Encore 3500 fr. de dépense et toute la plaine sera garantie.

(d) Cette digue appartient à plusieurs habitans.

(e) L'emploi de 4500 fr. en une nouvelle digue, ferait le plus grand bien à cette commune.

(f) Avec 10,000 fr. ce territoire sera parfaitement protégé.

(g) 20,000 fr. employés en digue, conserveraient la plus précieuse portion du territoire de Saint-Crépin.

N. B. Au-dessous de Mont-Lion il existe une plaine considérable, qu'on peut gagner sur la Durance, au moyen d'une digue.

NOMS des COMMUNES.	NOMBRE de digues.	LEUR longueur.	TERRAIN qu'elles conservent	RIVIÈRES ou torrens contre lesquels elles sont assises.
CANTON D'ORCIÈRES.				
		mètres.	hectares.	
Saint-Jean-Saint-Nicolas.	3.	300.	150.	Drac.
CANTON DE SAVINES.				
Savines.	1.	150.	6.	Durance.
TOTAL.....	29.	....	755.	

ARRONDISSEMENT DE GAP.

CANTON D'ASPRES.				
Aspres.	4.	1900.	167.	Buëch.
Aspremont (*a*).	2.	170.	12.	*Idem.*
La Faurie.	10.	3234.	104.	*Idem.*
Saint-Julien.	14.	1174.	65.	*Idem.*

(*a*) L'objet principal de ces digues a été de protéger les canaux d'arrosage.

NOMS des COMMUNES.	NOMBRE de digues.	LEUR longueur.	TERRAIN qu'elles conservent	RIVIÈRES ou torrens contre lesquels elles sont assises.
CANTON DE SAINT-ETIENNE.				
		mètres.	hectares.	
Agnières.	1.	120.	3.	Sauloise.
CANTON DE SAINT-FIRMIN.				
Clémence-d'Ambel.	8.	180.	28.	Severaisse.
Guilleaume-Perouse (a).	14.	326.	45.	*Idem.*
Saint-Jacques.	1.	100.	2.	*Idem.*
Saint-Maurice.	7.	140.	19.	*Idem.*
Villard - Loubière.	8.	100.	15.	*Idem.*
CANTON DE GAP.				
Gap.	10.	650.	28.	Luye. Bonne. Buzon.
La Roche.	1.	1470.	160.	Buëch.
Manteyer.	4.	193.	236.	Rif-la-Ville.

(a) On peut y construire encore des digues fort importantes. Il y aurait un bénéfice considérable, vu le prix élevé des terres dans cette vallée.

NOMS des COMMUNES.	NOMBRE de digues.	LEUR longueur.	TERRAIN qu'elles conservent	RIVIERES ou torrens contre lesquels elles sont assises.
Canton de Labatie-Neuve.				
		metres.	hectares.	
La Rochette (*a*).	2.	125.	4.	Luye.
Montgardin.	1.	100.	10.	Vance.
Canton de Laragne.				
Laragne (*b*).				
Monêtier.	1.	250.	25.	Durance.
Canton d'Orpierre.				
Lagrand (*c*).	1.	400.	20.	Buëch.
Orpierre.	4.	540.	120.	Céans.
Trescleoux.	6.	460.	35.	Blaisance. Mardaric.

(*a*) Ces deux digues construites depuis six ans, garantissent les prairies du domaine Sarrazin.

(*b*) Il y aurait ici des graviers immenses à conquérir au moyen de digues. Le Buëch a envahi à Laragne 150 hectares du terrain le plus précieux.

(*c*) Cette digue construite par un particulier a souffert de grandes avaries.

NOMS des COMMUNES.	NOMBRE de digues.	LEUR longueur.	TERRAIN qu'elles conservent	RIVIÈRES ou torrens contre lesquels ellss sont assises.
CANTON DE RIBIERS.				
		metres.	hectares.	
Ribiers.	1.	1294.	53, 50.	Buëch.
Antonaves. Barret-le-Bas. Château-Neuf-de-Chabre. Salerans (*a*).	15.	......	60.	Meoule.
CANTON DE ROSANS.				
Communes du canton de Rosans (*b*).	25.	1550.	285.	Baudon. Oule. Esclate. Luzerne.
CANTON DE SERRES.				
Montmorin.	1.	500.	5.	Oule.
Montrond (*c*).	1.	94.	10.	Buëch.
Savournon.	1.	100.	18.	Chaunes.
Sigotier.	1.	80.	2.	Buëch.
Serres.	6.	3336.	55.	*Idem.*

(*a*) On entretient contre ce torrent des panniers d'osiers de forme conique et pleins de pierres. A Château-Neuf-de-Chabre le Buëch s'est emparé depuis quelques années d'un terrain bien précieux et fort étendu qu'il faudra reconquérir.

(*b*) Les digues dans ce canton ne sont formées qu'avec du plant vif.

(*c*) Cette commune a perdu la plus belle partie de son territoire. En prolongeant la digue de 2000 mètres, on gagnerait 20 hectares de terrain, et l'on protégerait 18 hectares de superbes prairies.

NOMS des COMMUNES.	NOMBRE de digues.	LEUR longueur.	TERRAIN qu'elles conservent	RIVIÈRES ou torrens contre lesquels elles sont assises.
CANTON DE TALLARD.				
		metres.	hectares.	
Jarjayes.	1.	75.	15.	Durance.
La Saulce. (*a*).	1.	400.	70.	*Idem.*
Tallard.	1.	700.	3.	*Idem.*
CANTON DE VEYNES.				
Chabestan.	2.	564.	300.	Buëch.
Château-Neuf.	1.	100.		Drouzet.
Furmeyer.	2.	1500.		Labeoux.
Montmaur.	2.	3312.		Maraise.
Oze.	1.	120.		Sigouste.
Veynes.	2.	7000.		Buëch. Gleisette.
TOTAL....	156.	....	1077,50.	

(*a*) Cette commune continue par des sacrifices considérables, le prolongement de sa digue. Avec 60,000 francs elle garantira un délaissé d'environ 100 hectares, qui mis en culture vaudront 460,000 francs.

RÉCAPITULATION.

ARRONDISSEMENS.	NOMBRE de DIGUES.	TERRAIN qu'elles CONSERVENT.
BRIANÇON.	27.	383— ».
EMBRUN.	29.	755— ».
GAP.	163.	1974—50.
TOTAUX....	219.	3112—50.

www.ingramcontent.com/pod-product-compliance
Ingram Content Group UK Ltd.
Pitfield, Milton Keynes, MK11 3LW, UK
UKHW020251250726
13967UKWH00004B/1606

9 782012 885578